GrADS 软件基础教程

马红云　李丽平　编著

气象出版社
China Meteorological Press

内容简介

本书从气象科研和业务需求出发,较为详细地介绍了 GrADS 绘图软件的基本使用方法。主要内容包括:GrADS 绘图软件基础知识、数据处理、基本操作命令、绘图要素设置、基础绘图命令、变量和函数、描述语言及编程、站点资料的使用等。

本书可作为大专院校气象类专业本科生和研究生的选用教材,也可供广大气象科研、业务工作者参阅。

图书在版编目(CIP)数据

GrADS 软件基础教程 / 马红云等编著. —北京:气象出版社,2011.11(2020.4 重印)
ISBN 978-7-5029-5338-6

Ⅰ.①G… Ⅱ.①马… Ⅲ.①天气图—绘图软件,GrADS—教材 Ⅳ.①P459-39

中国版本图书馆 CIP 数据核字(2011)第 225627 号

GrADS Ruanjian Jichu Jiaocheng

GrADS 软件基础教程

马红云 李丽平 编著

出版发行:气象出版社

地　　址:北京市海淀区中关村南大街 46 号　　　邮政编码:100081

电　　话:010-68407112(总编室)　010-68408042(发行部)

网　　址:http://www.qxcbs.com　　**E-mail**:qxcbs@cma.gov.cn

责任编辑:隋珂珂　　　　　　　　　　　　　　终　　审:朱文琴

封面设计:博雅思企划　　　　　　　　　　　　责任技编:吴庭芳

印　　刷:三河市君旺印务有限公司

开　　本:720 mm×960 mm　1/16　　　　　　印　　张:9

字　　数:237 千字

版　　次:2011 年 11 月第 1 版　　　　　　　　印　　次:2020 年 4 月第 6 次印刷

定　　价:38.00 元

前　言

GrADS(Grid Analysis and Display System,格点分析和显示系统)是当今气象界广泛使用的一种数据处理和显示软件系统。它适用于所有常用的 UNIX 工作站、巨型机和 PC 机,该软件系统通过其集成环境对气象数据进行读取、加工、图形显示和打印输出,所有数据在 GrADS 中视为纬度、经度、层次和时间的四维场,数据既可以是格点资料,也可以是站点资料,数据格式可以是二进制或 GRIB 码等。GrADS 系统具有操作简便、功能强大、显示快速、出图类型多样化、图形美观等特点,且提供了一种解释型描述语言以供高级功能的开发,因而已经成为国内外气象界通用的标准图形环境之一。

本书在《GrADS 气象绘图系统用户使用手册》(修订版讲义)基础上进行了重新整编,根据多年来的教学经验和学生反馈信息,从实用的角度出发,对原有内容的结构进行了适当调整,删去了一些复杂的概念介绍,增加了应用实例和具体操作步骤的详细讲解,使读者能更容易、轻松地掌握 GrADS 绘图系统的使用方法。本书共分为 8 章,内容主要包括:GrADS 绘图软件基础知识、数据处理及使用、GrADS 的基本操作、绘图要素的设置、基础绘图命令、GrADS 中的变量和函数、描述语言的应用、站点资料的使用等。其中第 1~8 章及上机实习由马红云主编,附例部分由李丽平主编。本书可作为大专院校气象类专业本科生和研究生的选用教材,也可供广大气象科研、业务工作者参阅。

在编写和修订本书的过程中,得到了南京信息工程大学大气科学系和资料中心的大力支持,并获得"大气科学专业教育部特色专业建设点和大气科学专业教学团队建设"项目资助；特别感谢王盘兴、朱云等老师给予本书编者的支持和帮助；气象出版社的有关同志也为本书的编辑出版给予了大力支持。在此，向他们表示衷心的感谢。同时，也恳切地希望和欢迎读者对本书提出批评与建议。

编　者
2011 年 1 月

目　　录

第 1 章　GrADS 绘图软件基础知识

　　GrADS(Grid Analysis and Display System,格点分析和显示系统)是一款目前国际上流行的专业绘图软件,在国内外各高校和研究机构都在广泛地应用。它具有强大的数据处理和显示功能,可以帮助科研人员实现多种目标。在气象界,GrADS作为各类气象数据处理和显示的绘图软件被广泛应用,并迅速成为国内外气象界通用的标准图形环境之一。

　　本章主要介绍 GrADS 绘图软件的主要特点、软件的安装和使用、与软件相关的概念,以及使用该软件的基本操作流程,目的是使初学者对 GrADS 绘图软件有一个初步的宏观认识,以便为后面的学习理清思路,打好基础。

1.1　GrADS 软件概述

　　GrADS 作为一款优秀的气象专业绘图软件正在被越来越多的人认识和使用。

1. 软件简介

　　GrADS 是美国马里兰大学气象系开发的一款气象数据分析与显示软件。GrADS 不仅为格点气象数据资料提供了一个优越的交互操作的分析与显示环境,而且还开发了支持站点数据资料的功能。GrADS 以其强大的数据分析能力、灵活的环境设置、丰富的绘图类型,以及多样的地图投影方式等功能,为广大气象工作者的研究带来了极大方便。该软件自诞生以来,一直受到用户的欢迎和支持,并得到美国多家科研机构的大力支持,使其得以不断更新和完善,性能日益强大。随着计算机技术的不断进步,GrADS 也推出了适用于各种操作系统的软件版本,目前,GrADS 第 1.8版是 Windows 环境下运行的稳定版本,也是本书推荐介绍的版本。

2. 主要功能

　　GrADS 系统作为气象界广泛使用的绘图软件,具有强大的数据分析和显示能力,其主要功能可归纳如下:

　　(1) 可以处理四维数据

　　在 GrADS 中,所有数据被视为包含纬度、经度、层次和时间的四维场资料,数据既可以是格点资料,也可以是站点资料。

　　(2) 可以处理多种数据格式

　　GrADS 系统可以读取和存储的数据资料的格式有二进制数据格式、GRIB 码格式、NetCDF 格式、HDF-SDS 等通用数据格式。

（3）可以对数据进行再加工

GrADS 通过其命令和函数的使用可以使数据在系统运行的过程中得到再加工，例如：可以直接计算平均值、求和、求积分、计算散度和涡度等等，这样大大减少了另外编程处理数据的麻烦。

（4）可以显示多种类型图形

GrADS 系统可以对维数变化不同的数据以不同类型的图形方式显示，例如一维曲线图、直方图；二维等值线图、流线图、阴影图等；此外，还可以进行三维动画显示。

（5）可以精细设置各种绘图要素

在 GrADS 系统中，可以通过图形要素、地图投影、坐标要素、图标图注等设置对所要显示图形的颜色、线宽、投影方式、坐标轴方向、字符大小等进行细致修改，使得图形更加美观和准确。

（6）可以按多种方式存储图形文件

通过 GrADS 系统分析处理后得到的图形可以有多种存储格式，常用的如：gmf、png、gif、ps 等，适用于多种途径的后期处理。

（7）提供多种后期处理的软件工具

为了使 GrADS 提供的图形数据后期应用更方便，GrADS 系统配套提供了多种辅助软件，例如："gv. exe"或"gv32. exe"可以查看 gmf 格式的图形文件，并可以将其转换成 wmf 格式，以便在 Word 等文件中使用。

3. 软件优点

时下虽然新出了各种气象绘图软件，但是 GrADS 以其历史悠久，性能完善，功能强大等优点始终处于气象绘图软件行列的主导地位。除了软件本身的诸多重要功能外，其优点还在于：

（1）软件的专业性强

GrADS 软件是专门为从事气象研究的科研和业务人员开发的，因此特别适用于气象数据资料的分析和显示。

（2）软件资源免费

GrADS 是一款开放软件，可以免费从互联网上下载安装程序和使用说明。

（3）软件适用于多种操作系统

随着计算机技术的不断发展，GrADS 也开发了支持不同操作系统的 GrADS 版本，如 PC 机的 Windows9X\2000\XP、WinNT、Linux 和工作站下的 Unix 等。

（4）软件采用命令输入和图形显示交互式的操作方式

GrADS 操作界面由命令窗口和图形显示窗口组成，在命令窗口输入命令，则在图形窗口出现相应图形，这种操作方式简单直观，容易理解和使用。

1.2　GrADS 的免费资源

GrADS 是一款自由软件，可以从 Internet 上免费获取，这也是该软件广泛流行的重要原因之一。

1. 登陆 GrADS 的主页

GrADS 系统在 Internet 上的主页地址：http://grads.iges.org/grads，如图 1.1 所示。

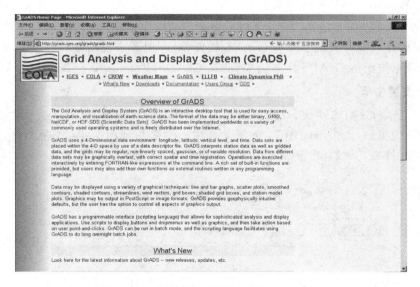

图 1.1　GrADS 主页

从该网站页面显示中的"Downloads"选项下可以免费下载适用于 Windows、Linux 和 Unix 操作系统下的 GrADS 软件包及相关使用手册。本书所介绍的是在 Windows 环境下运行的稳定版本 GrADS 第 1.8 版。

2. 下载中文使用手册

对于自学者而言，GrADS 软件不仅本身使用方便，上手快，而且还配有非常详细的英文使用说明，该用户手册可以从 GrADS 网站上免费下载获得。为了方便广大中国用户的使用，中国科学院大气物理所大气科学和地球流体力学数值模拟国家重点实验室（LASG）汇编了配套中文的使用手册，主要介绍了 GrADS 的基本用法、使用技巧及与 GrADS 相关的绘图技术。这为学习该软件的中国用户提供了极大的方便与帮助。

免费获取地址为:http://bbs. lasg. ac. cn/bbs/thread-7666-1-1. html

注意:该手册为 PDF 文件格式,需使用"Adobe Reader"软件进行阅读。

1.3　GrADS 的安装

现以 Windows 和 Linux 操作系统下安装 GrADS 软件为例,介绍该软件在不同操作系统下的安装方法。

1.3.1　Windows 操作系统下安装 GrADS

Windows 操作系统是目前 PC 机上最流行的操作系统,是从事学习、工作的重要平台,了解在该操作系统下安装 GrADS 软件,对应用者来说非常必要。本书推荐该操作系统下使用的 GrADS 版本为 Win32e GrADS(Version 1. 8SL11)。

1. 安装步骤

(1) 登陆 GrADS 主页,点击页面上方"Downloads"选项,进入下载软件页面,按网络资源的提示,点击"via ftp",如图 1.2 中黑笔箭头圆圈所示处,进入 ftp 地址选择"1.8"文件夹,下载其中 grads-1. 8sl11-win32e. exe 软件进行安装;

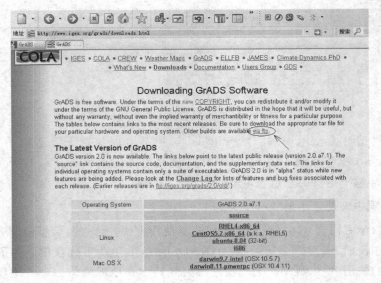

图 1.2　下载 Windows 操作系统下的 GrADS 安装文件

　　（2）确认下载得到的安装图标为 ；

　　（3）双击安装图标,出现安装向导(图 1.3),用鼠标点击框中"Install"按钮,进入下一个提示框"Install"(图 1.4),选择"OK"按钮后进入"Product Licensing"提示信息框,显示信息如图 1.5 所示,选择此框中"I Accept Tems"按钮,出现最终要求确认安装目录的信息框(图 1.6),缺省安装路径为"C:\Program File\pcGrADS",用户也可以根据需要选择新的安装路径,确定后用鼠标点击"OK"按钮,完成软件的安装;

图 1.3　安装向导 1

图 1.4　安装向导 2

图 1.5　安装向导 3

图 1.6　安装向导 4

　　（4）以缺省路径方式安装完成后,可以从"开始"菜单的"程序"选项里看到"Win32e GrADS"选项,这里面包含多种模式的 GrADS 应用程序,通常使用经典型,即"Grads",如图 1.7 所示;

　　（5）为了使用方便,可以为图 1.3 中所示的"Grads"图标创建桌面快捷方式。同时,可以为另一个常用工具"gv32"创建桌面快捷方式,以便用于后面的看图及图形格式转换。

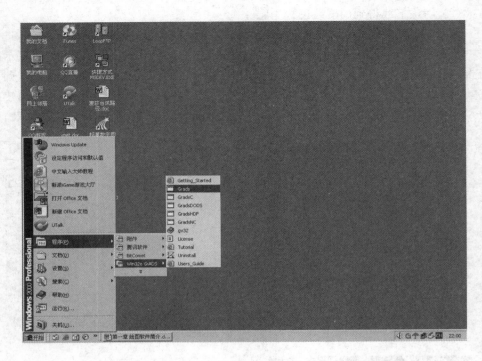

图 1.7　由"程序"菜单查看安装完成后的 GrADS 软件

注意：

　　如果未使用缺省路径安装软件，则新设置的安装目录名最好中间不要带空格，以便该软件可以在 DOS 状态下顺利运行。

2. 软件包介绍

在启动 GrADS 软件之前，首先了解一下"C:\Program File\pcGrADS"目录下安装的内容，如图 1.8 所示。

成功安装后，"PCGrADS"文件夹中应该包含图 1.8 所示的 7 个对象。其中，"dat"文件夹中有运行 GrADS 所需的字库和地图数据文件，并可以不断增加新数据文件；"doc"文件夹下存放了帮助和说明文件；"lib"文件夹中存放了一些绘图所用命令集的模板文件；"win32e"文件夹中安装有 GrADS 系统的所有可执行程序。

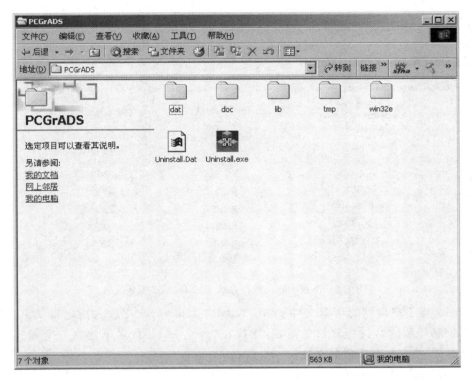

图 1.8　PCGrADS 文件夹

1.3.2　Linux 操作系统下安装 GrADS

　　鉴于目前气象研究工作所用的很多数值预报模式都是在 Linux 操作系统下运行，比如：MM5（Mesoscale Model version 5）模式，WRF（Weather Research and Forecasting）模式等，因此 Linux 操作系统已成为从事研究工作的重要平台，了解在该操作系统下安装 GrADS 软件，对从事研究工作的应用者来说有一定的必要性。与 Windows 操作系统不同，Linux 是一套免费的 32 位多人多工的操作系统，运行方式同 UNIX 系统很相像，最大的特色在于其源代码完全公开，在符合 GNU GPL（General Public License）的原则下，任何人皆可自由取得、散布、甚至修改源代码，这使得 Linux 操作系统不断得到提升和完善，但是也使其出现众多操作版本。本书将介绍由 Red Hat 公司发行的"Red Hat Linux 2.6.9"操作系统下安装 GrADS（Version 1.8SL11）软件包的方法。

1.　安装步骤

　　（1）登陆 GrADS 主页，点击页面上方"Downloads"选项，进入下载软件页面，按网络资源的提示下载 Linux 操作系统下安装软件包的压缩文件 grads-1.8sl11-Linux. tar，如图 1.9 中黑圈所示；

Earlier Releases of GrADS

The GrADS distributions for version 1.8 and 1.9 contain pre-compiled binary executables, the source code, documentation, and the supplementary data sets that are required to run GrADS (fonts and map files).

Hardware / Operating System	GrADS 1.8s11	GrADS 1.9b4
	source	source
Linux	linux	linuxRH7.1 linuxRH9 linuxRHE3
SUN	sol55	sun59
Macintosh OSX	darwin	darwin
SGI / IRIX	irix6	irix6
DEC	alpha	alpha
IBM / AIX	aix	

图 1.9　下载 Linux 操作系统下的 GrADS 安装文件

（2）将下载得到的压缩文件 grads-1.8sl11-Linux. tar 存放入指定目录下，同时为了使解压后的文件存放目录清楚，建议在"/usr/local"目录下建立一个新文件夹"grads"以便存放解压后的文件；

（3）将压缩文件 grads-1.8sl11-Linux. tar 解压至目录"/usr/local/grads"下，检查"grads"文件夹中的解压信息，应包含"bin"、"data"和"scr"三个文件夹，同时可以在"grads"中另建立一个新的文件夹"lib"，以便存放日后编辑的". gs"文件，"grads"文件夹如图 1.10 所示；

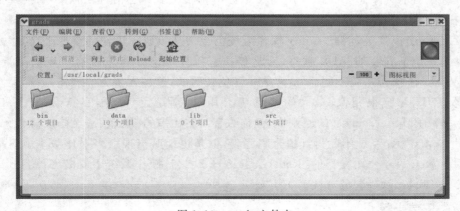

图 1.10　grads 文件夹

　　(4) 右键点击桌面选择"新建终端窗口",进入字符工作方式,确认当前目录为"root"后,在"＃"提示符后输入命令"vi . bash_profile",在弹出的提示信息中输入字母"E",即选择编辑状态,在"bash_profile"文件中修改环境参数,加入如下语句(如图 1.11 所示):

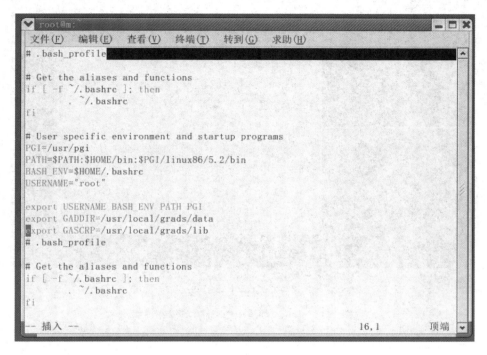

图 1.11　环境参数的修改

export GADDIR＝/usr/local/grads/data

export GASCRP＝/usr/local/grads/lib

　　(5) 输入完成后,按"Esc"键,然后输入":",再输入字母"wq",即可保存刚才的修改内容,并退出"bash_profile"文件编辑;

　　(6) 环境参数修改完成后,在返回的终端窗口"＃"提示符后输入命令"source. bash_profile"执行该脚本文件,以便 GrADS 程序可以正常运行;

　　(7) 上述操作结束后,在"＃"提示符后输入命令"gradsnc"即可运行 GrADS 程序,操作界面如同 Windows 操作系统下的界面形式(图 1.12),使用方法与 Windows 下 GrADS 系统一样。

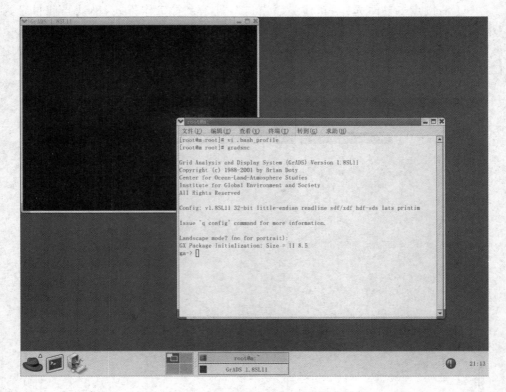

图 1.12　Linux 环境中的 GrADS 操作界面

注意：

　　在 linux 操作系统下安装的 GrADS 软件没有可执行文件 "grads"，即 "/usr/local/grads/bin" 下没有名为 "grads" 的文件，这与 Windows 操作系统下安装的 GrADS 软件不同，所以在 linux 环境下运行 GrADS，不能选择输入 "grads"，只能执行 "bin" 文件夹中所包含的文件，比如 "gradsnc" 等。如果习惯使用 "grads" 方式，则可以将 "bin" 文件夹中用来运行 GrADS 系统的可执行文件重新更名为 "grads" 即可。

2. 软件包介绍

　　从上述安装步骤可见，在 Linux 操作系统下的安装 GrADS 软件与在 Windows 操作系统下的安装不同，这里没有安装程序，只要将 GrADS 软件包解压后，修改一下环境参数就可以使用了。

　　Linux 操作系统下的 GrADS 软件包与 Windows 操作系统下的也不同，如图

1.10 所示。成功安装后,"grads"文件夹中应该包含 3 个对象,其中"bin"文件夹里存放了所有的可执行文件,相当于 Windows 操作系统下"PCGrADS"文件夹中的"win32e"文件夹;"data"文件夹中存放了字库和地图信息,相当于"PCGrADS"中的"dat"文件夹;"scr"文件夹中是 GrADS 的一些源码文件,这是"PCGrADS"文件夹所没有的。此外,Linux 操作系统下的 GrADS 软件包没有专门的帮助说明文件夹"doc"和模板文件夹"lib",图中的"lib"文件夹是为日后存放编辑好的".gs"文件而新建的。

虽然两个操作系统下安装的 GrADS 软件包有所不同,但运行和操作一样,后面仅以 Windows 操作系统为例介绍 GrADS 软件的使用方法。

> 注意:
>
> 　　随着 GrADS 软件本身和各类操作系统的不断更新,适用于不同操作系统的 GrADS 软件版本也在不断出新,用户可随时登陆"GrADS"网站了解最新信息,以便正确有效地使用该软件。

1.4　GrADS 的启动与退出

以 Windows 操作系统下安装的 GrADS 软件为例,介绍该软件的启动和退出方法。

1.4.1　启动 GrADS

正确安装 GrADS 软件后,启动该软件可以通过以下两种方法:

(1) 点击 Windows 窗口菜单"开始/程序/Win32e GrADS/Grads"打开操作窗口。

(2) 双击桌面"Grads"快捷图标打开操作窗口。

1.4.2　GrADS 的操作界面

GrADS 操作界面由两个窗口组成,一个是命令输入窗口,一个是图形输出窗口。启动 GrADS 软件后,首先弹出的是命令输入窗口,在窗口中开头显示的是 GrADS 系统的一般信息,如图 1.13 所示。

最底行显示信息为:Landscape mode? (no for portrait) :_ ,提示用户采用"Landscape"模式(11×8.5 英寸风景画形式)或者"Portrait" 模式(8.5×11 英寸肖像画形式)显示图形输出窗口,即选择横放或者竖放图形窗口。输入"L"回车或者直接按回车键是"Landscape"模式,即横放图形输出窗口;输入"n"回车就是用"Portrait" 模式,即竖放图形输出窗口。

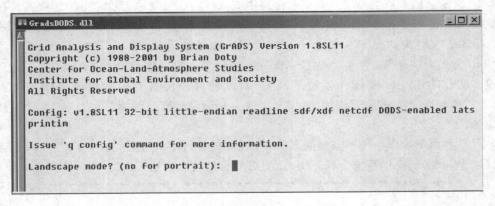

图 1.13　命令输入窗口中的初始信息

　　选择完成就进入了 GrADS 的命令交互模式,形式如:ga→_ ,光标闪动处即等待用户输入命令。同时弹出另一个窗口,即为所选择的图形输出窗口,如图 1.14 所示。所谓命令交互模式,就是在 GrADS 的命令提示符下,一步一步输入各种 GrADS 命令以便对数据进行操作,并产生所需要的图形。图 1.15 为示范命令及相应图形的显示。

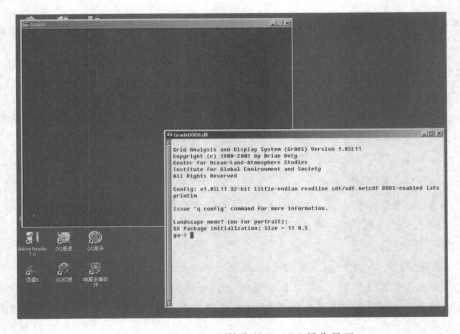

图 1.14　Windows 环境中的 GrADS 操作界面

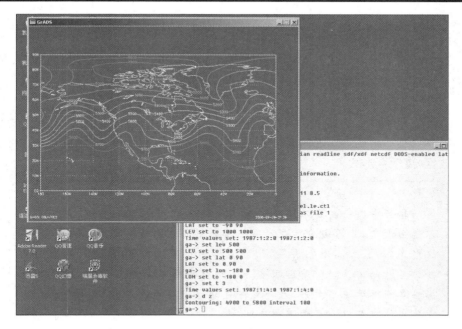

图 1.15　范例演示

1.4.3　退出 GrADS

在确保 GrADS 操作界面中的信息无用或者所需信息已经得到正确保存后,可以通过以下两种方法退出 GrADS 系统:

(1) 点击命令输入窗口中标题栏上的"关闭"按钮退出 GrADS 系统。

(2) 在命令输入窗口的提示符 ga→后输入命令"quit"即可退出 GrADS 系统。

上述两种方法都可以结束 GrADS 系统的运行,同时关闭命令输入窗口和图形输出窗口。

1.5　GrADS 中常用文件类型

GrADS 系统采用交互式操作方式对气象数据资料进行处理和显示,在这个过程中,最常涉及几类文件有:数据文件、数据描述文件、批处理文件、图形文件。在学习 GrADS 软件使用前,了解上述文件的常用文件类型将为后面的学习做好铺垫。

1. 数据文件

GrADS 系统的操作对象是数据,功能是对数据进行分析和显示。所以,数据文件是使用 GrADS 软件的先决条件。与 GrADS 相关的常用数据文件有以下两种类型：

(1) 十进制原始数据文件(∗.txt 或者 ∗.dat)

气象业务中使用的站点资料或格点资料往往是以十进制形式存放的,而 GrADS 不能识别这种格式的数据文件,所以使用前必须进行数据文件的转换(详见第 2 章);

(2) 二进制无格式数据文件(∗.grd 或者 ∗.dat)

这类数据文件是从其他气象数据(如站点气象报、格点气象报、模式格点输出结果)转换生成的,格式为二进制无格式型,既可以是格点数据(网格点形式),也可以是站点数据(离散点形式)。

> 注意:
>
> 　　括号中给出的是不同类型数据文件的常用文件名形式,文件名可以自由设定,其后缀名代表了通用情况下文件的数据格式,只是一种建议形式,如通常认为".txt"后缀的文件为十进制文件,".grd"后缀的文件为二进制文件。但是后缀名并不是数据格式的绝对表示,文件的数据格式与其后缀名无关,只与文件存储时采用的方式有关,如".dat"后缀的文件既可以表示十进制文件,也可以表示二进制文件,具体表示哪种格式要看数据存储的方式。用户当然也可以使用其他形式的后缀名表示各类型的数据,只要保证存储方式的正确即可。

2. 数据描述文件

数据描述文件(∗.ctl)是原始数据文件的描述文件。该文件为纯 ASCII 文件,用以描述原始数据集的基本信息,包括数据文件名、数据类型、数据结构、变量描述等。GrADS 软件不直接使用"数据文件",而是通过"数据描述文件"间接使用"数据文件"。数据描述文件通用后缀名为".ctl"。

3. 批处理文件

GrADS 软件采用输入命令的方式对数据进行分析和显示,命令的输入在命令输入窗口完成。而批处理方式是把进入 GrADS 环境后所要输入的命令编辑成一个文本文件,以便可以在系统中自动执行输入的各项命令。批处理文件有以下两种类型：

(1) 直接执行批处理文件(∗.exc)

直接执行批处理文件是一个文本文件(ASCII 文件),内容为 GrADS 交互环境中所输入命令的直接集成,在 GrADS 环境下用"exec"命令执行这个文件,即可以自动执行文件里所集成的各项命令,完成操作。

(2) 控制执行批处理文件(∗.gs)

控制执行批处理文件也是一个文本文件,内容不仅包含有 GrADS 交互环境中所用命令,还包含有 GrADS 系统的高级描述语言,通过描述语言对命令集的执行流程进行设计和控制。在 GrADS 环境下用"run"命令执行这个文件,即可以按设计好的流程自动执行文件里的命令集,完成操作。

4. 图形文件

在 GrADS 系统中对图形输出窗口里所显示的图形可以进行图形文件的保存,以便后期处理及使用。常用图形文件的保存类型有以下形式:

(1) gmf 格式的图形文件(＊.gmf)

这种图形文件的格式由 GrADS 系统内定,文件名由用户自定,内容为屏幕显示图形的二进制图元数据。在 Windows 操作系统中,必须使用 GrADS 的辅助工具"gv32.exe"查看及转换此图形文件。

(2) gif 格式的图形文件(＊.gif)

在 GrADS 软件第 1.8 及其以上版本中,可以使用新增"printim"命令将图形输出窗口中所显示的图形保存为 gif 格式的文件。这种图形文件采用了无损压缩存储方式,是一种互联网上非常流行的图形文件格式,所以该文件所占体积小,便于查看及后期处理。

(3) png 格式的图形文件(＊.png)

png 格式与 gif 格式一样,也是一种无损压缩存储格式,但是 png 格式在图像上更优越于 gif 格式,也是目前互联网上流行的图形文件格式。在 GrADS 系统中存储方式与 gif 格式一样。

1.6　GrADS 使用流程

在学习 GrADS 具体使用方法之前,首先了解 GrADS 的基本使用流程,以便在后面的学习中条理清楚,应用中步骤有序。

通过前面的介绍,我们已经知道 GrADS 是对数据进行分析、处理和显示的软件,所以在使用该软件进行绘图时,必须有相应的数据文件,并且这些数据必须满足 GrADS 所要求的数据格式,否则就要进行数据处理;另外,GrADS 并不是直接使用这些数据文件进行操作,而是通过一个对应的"数据描述文件"(详见 2.3 节中的说明)间接使用数据文件;对数据的处理与显示是通过 GrADS 系统提供的命令完成的;操作完成后,可以在图形输出窗口观察所绘图形,并将图形保存和输出。具体使用流程如下:

(1) 数据处理

使用 GrADS 软件之前的第一步是检查数据文件的数据格式是否符合要求,如果数据格式是 GrADS 系统能够处理的格式,则无须对数据文件进行处理,否则应该进行数据转换。例如,气象业务中使用的很多数据资料常常以十进制形式存放,而GrADS 不能识别这种数据格式,所以使用前必须转换数据文件的数据格式。一般通过用 Power Station 或 Visual Fortran 等软件编程转换。

（2）建立数据描述文件

数据描述文件是对数据文件的说明,GrADS 软件不直接使用"数据文件",而是通过"数据描述文件"间接地使用"数据文件"。所以,除了某些特殊格式的数据文件（如 NetCDF 码数据）外,一般所使用的数据文件都要为其建立一个对应的数据描述文件。数据描述文件可以用文本编辑器编辑,如"写字板",保存时一般将文件的后缀名定为".ctl"。

（3）输入 GrADS 命令或者建立批处理文件完成绘图

用户在启动 GrADS 后,可以通过在命令输入窗口直接输入一系列 GrADS 命令进行操作。这种方式对于所用命令较少的基本绘图是方便实用的,但是当需要大量命令进行精致绘图时,这种直接输入命令的方式就显得不利了,因为在 GrADS 系统中有些命令设定后,如果不再重新设置,是永久有效的,而有些命令只是一次有效,如果用户对初次绘图的效果不满意,要增加一些命令修改绘制时,按照这样的基本方法会输入很多重复命令,因此效率很低。为;格式,以便可以自动执行输入的各项命令,这样需要调整时只要在批处理文件中稍加改动即可。批处理文件也是用文本编辑器编辑,存档时根据类型的不同其文件名的后缀可以为".exc"或者".gs"。

（4）看图,存图

启动 GrADS 后,会打开两个窗口,一个有提示符的窗口用于输入命令,另一个窗口显示图形。用户在图形输出窗口观察图形,如果对所绘制的图形满意,即可以在退出 GrADS 系统前,输入存图命令,将图形保存,保存类型可以为 gmf、png、gif 等多种格式。

本章作为 GrADS 软件的入门基础,主要介绍了该软件的功能和优点,资源获取方法,软件的安装和启动,与软件相关的常用文件类型以及使用软件的基本流程。通过本章的学习,读者会逐步领略到 GrADS 软件的诸多优越性。

课后练习

请根据本章上述内容,对照用户所使用的操作系统,正确选择 GrADS 安装软件,自行在电脑上安装并启用 GrADS 软件,了解 GrADS 系统的运行环境。

第 2 章　数据处理及使用

通过第 1 章的介绍,我们已经了解到 GrADS 是气象数据处理和显示的专业绘图软件,因此,在使用 GrADS 绘图前,必须具备数据资料,并且数据存放的形式应满足 GrADS 的数据格式要求。本章将针对绘图前的数据处理及使用,以实例示范形式进行简单介绍。

2.1　各类数据格式的特点

GrADS 软件可以处理多种数据格式的数据文件,以下介绍三种常用的数据格式。

1. Binary 数据格式

Binary 数据格式即 1.5 节中所介绍的二进制数据格式,是 GrADS 中最常用的数据格式类型,用户很容易通过 Fortran 或者 C 等语言将气象数据(如站点气象报,格点气象报,模式格点输出结果等)生成 Binary 格式的数据文件,通常该格式数据文件的后缀名为".grd",或者".dat"。GrADS 软件处理该格式数据文件时,须具备一个数据描述文件,即".ctl"文件。

2. GRIB 数据格式

GRIB 数据格式是一种自定义的格式类型,GRIB 格式数据文件的优点是压缩率高,占用空间小,常见文件如中国气象局、欧洲中期天气预报中心(ECMWF)、美国国家环境预报中心(NCEP)等提供的数值预报产品,后缀名多为".grb"或略。GrADS 对 GRIB 格式数据的处理有特殊方法,2.4 节中将详细介绍。

3. netCDF 数据格式

netCDF 数据格式也是一种自定义的格式类型,其特点是数据精确性好,便于传输。常见文件如 ECMWF、NCEP 等提供的数值预报产品,其后缀名常为".nc"。GrADS 软件可以直接处理标准的 netCDF 格式数据文件。

> 注意：
>
> 　　① 对于满足 GrADS 所要求的数据格式的数据文件来说，可以直接作为绘图的原始数据来用，不需要再进行处理了。当然，无论是哪一种数据文件，在实际绘图时都需要有与该数据文件配套的数据描述文件。
>
> 　　② GrADS 可处理多种平台下产生的二进制文件类型，对于一些高端 UNIX 工作站产生的二进制数据，需要在数据描述文件中添加"options big_endian"或者"byteswapped"语言。

2.2　数据文件的准备

如前所述，GrADS 是对气象数据进行处理和显示的软件，因此绘图前，需要准备好数据文件，并且要求文件的数据格式符合 GrADS 的要求。用户可以根据实际需要自行编译产生数据文件，也可以通过网络下载现有数据产品。

另外，实际气象业务中使用的很多数据资料常常以十进制形式存放，而 GrADS 不能识别该数据格式，所以使用 GrADS 绘图之前，需要用户通过 Fortran 或者 C 等语言对这类数据文件进行格式转换。

1. 数据存放形式

在准备数据文件之前，首先了解 GrADS 中数据存放形式，以便用户在需要编写程序时能清楚知道数据的存取方式。

以格点资料为例，一个网格点上（即有确定的经度、纬度、高度和时刻）可以有任意多个物理变量，GrADS 视这些数据为一个大数组。数据排放顺序为：经度（Lon：X 轴方向，自西向东为正向）、纬度（Lat：Y 轴方向，由南向北为正向）、高度（Lev：Z 轴方向，由低到高是正向），然后是物理变量（Var），最后是时次变化（Time）。如果在程序中用循环编写存取数据，则从内循环到外循环依次是：

X(Lon)→Y(Lat)→Z(Lev)→Var(不同变量)→Time

这种存放方式是 GrADS 缺省的存放次序，读取和调用的效率最高。

对某一时刻下某一层上的某种变量来说，其所有水平网格点(x，y)上的数据构成一个二维网格数据片，每个数据片为一个数据记录，该网格严格对应于 Fortran 中的数组存放顺序，其顺序是 X 轴从西变化到东，Y 轴由南变化到北。因此，包含了所有时空及物理量信息的实际大数组是以这样的一个个二维数据片形式存放的。

2. 数据准备方法

用户可以通过 Fortran 或者 C 等语言自行编译产生 Binary 格式数据文件，也可以对现有十进制数据文件进行格式转换，或者通过网络下载 GRIB、netCDF 格式的数据文件。

3. 举例说明

在 GrADS 软件使用中，用户最常用的数据文件是 Binary 格式的，下面通过一个具体实例来说明用户如何通过 Fortran 程序编译产生 Binary 格式数据文件。

现有 ASCII 码（十进制格式）格点数据资料文件 u. dat、v. dat 和 SST. dat，存放于 d:/grads 目录下，其中 u. dat 中存放了 x 方向的风速资料，v. dat 中存放了 y 方向的风速资料，SST. dat 中存放了海平面温度资料，三个数据文件中资料的空间范围：60°～150°E，0°～40°N；层次：u、v 为 850 hPa、200 hPa；时段：1982.1—1985.12，时间分辨率是一个月；空间分辨率：2.5°×2.5°。要求编写一段 Fortran 程序，使得原来三个十进制文件中存放的数据资料转换成一个二进制（建议后缀名为". grd"）格式文件存放。

Fortran 程序编写如下：

```
cc 定义 X,Y,Z 方向的格点数以及总时次 nt cc
    parameter(nx＝37,ny＝17,nz＝2,nt＝48)
c   定义数组
    dimension u(nx,ny,nz,nt), v(nx,ny,nz,nt), sst(nx,ny,nt)
c   打开原数据文件
    open(1,file＝'d:/grads/u. dat')
    open(2,file＝'d:/grads/v. dat')
    open(3,file＝'d:/grads/sst. dat')
c   打开目标文件
    open(12,file＝'d:/grads/trans. grd',form＝'binary')
cccccccccccccccccccccccccccccccccccccccccccccccccccccc
cc 按默认格式读入数据文件 cc
    do 10 it＝1,nt
    do 20 iz＝1,nz
    read(1, * )((u(i,j,iz,it),i＝1,nx),j＝1,ny)
20 continue
    do 30 iz＝1,nz
    read(2, * )((v(i,j,iz,it),i＝1,nx),j＝1,ny)
30 continue
```

```
    read(3,*)((sst(i,j,it),i=1,nx),j=1,ny)
10 continue
cccccccccccccccccccccccccccccccccccccccccccccccccc
cc 按 GrADS 格式要求将数据资料写入新文件 cc
    do 100 it=1,nt
    do 50 iz=1,nz
    write(12) ((u(i,j,iz,it),i=1,nx),j=1,ny)
50 continue
    do 51 iz=1,nz
    write(12) ((v(i,j,iz,it),i=1,nx),j=1,ny)
51 continue
    write(12) ((sst(i,j,it),i=1,nx),j=1,ny)
100 continue
    end
```

通过编译运行该程序，即可以将原有 ASCII 码数据文件 u. dat、v. dat 和 SST. dat 转换为一个二进制 GrADS 格式的数据文件 trans. grd。

注意：

① 实际编写时，无论是打开原数据文件还是目标数据文件，都需要在"open"语句中给出"file"的完整说明，即应根据数据文件实际存放的位置写出完整的路径和数据名称，例如：file='d:/u. dat'，表示数据文件 u. dat 存放在 d 盘根目录下。范例中因为没有说明文件的存放位置，因此缺省了路径说明，在此仅供参考。

② 关于变量 sst 的数组定义，例题中设定为三维数组 sst(nx,ny,nt)，即只有空间二维和时间一维，原因是物理量 sst 为海平面温度，只有海平面一层的数据资料，因此可以缺省层次的说明与设定。用户在今后遇到类似的物理量形式，可以参考此处，灵活运用。

③ 对于生成的二进制数据文件，可以通过检查其数据大小以确认其准确性。右键点击生成的二进制数据文件，选择"属性"选项，即可在弹出的窗口中查看文件"大小"，即字节数。将数据文件中所包含的 X 方向格点数 * Y 方向格点数 * Z 方向层次数 * 时次 * 变量数 * 4(4 表示实型或整型数据在计算机上占 4 个字节)的乘积与所查看到的文件大小对比，如果字节数一样，说明生成的二进制数据文件所包含的信息是完整的，否则即存在错误。

2.3　数据描述文件

　　数据文件具备后,用户可以利用 GrADS 软件对其进行绘图处理。但是,GrADS 不能直接使用"数据文件",而是通过"数据描述文件"间接使用"数据文件"。数据文件和数据描述文件是分开的。数据文件的存放常为二进制形式(binary),其格式说明由数据描述文件(*. ctl)描述,该文件为纯文本格式,可用一般的编辑器产生(如记事本,写字板等)。

　　1. 数据描述文件的概念

　　数据描述文件是原始数据文件的描述文件。该文件为纯 ASCII 文件,用以描述原始数据集的基本信息,包括数据集文件名、数据类型、数据结构、变量描述等等。在 GrADS 环境中至少要首先打开一个数据描述文件,以便后续的操作有数据对象。

　　2. 数据描述文件的形式

　　下面是一个格点数据描述文件的例子:

　　* this is an example to demonstrate the data descriptor file

　　DSET model. grd

　　TITLE Upper Air Data

　　DTYPE grid

　　OPTIONS byteswapped

　　UNDEF －9. 99E33

　　XDEF 80 LINEAR －140. 0 1. 0

　　YDEF 50 LINEAR 20. 0 1. 0

　　ZDEF 10 LEVELS 1000 850 700 500 400 300 250 200 150 100

　　TDEF 4 LINEAR 0Z10apr1991 12hr

　　vars 6

　　slp 0 0 sea level pressure

　　z 10 0 heights

　　t 10 0 temps

　　td 6 0 dewpoints

　　u 10 0 u winds

　　v 10 0 v winds

　　endvars

　　该例子中,所描述的数据文件名为"model. grd",资料中的缺测标记为

—9.99E33，X 维方向有 80 个格点，Y 维方向有 50 个格点，垂直方向有 10 层，共有 6
个物理变量（slp，z，t，td，u，v），其中"z，t，u，v"变量有 10 层，"td"变量有 6 层，"slp"变
量只有一层，其余内容的含义下面将进一步说明。

3. 数据描述文件的构成

每个数据描述文件一般包含以下几项：

① 被描述的数据文件名（dset）

② 该数据描述文件的标题（title）

③ 所描述数据的类型、格式和选项（dtype，format，option）

④ 时间、空间维数环境设置（xdef，ydef，zdef，tdef）

⑤ 变量定义（vars，endvars）

> 注意：
>
> 　　数据描述文件中每行记录的各项以空格分开，注释行在第一列打
> "＊"，注释行不能出现在变量列表中，每行记录不超过 80 个字符。

下面详细说明数据描述文件中各记录的含义：

① DSET data-name

给定二进制原始数据文件的文件名（可包含路径），若该数据文件与描述文件在
同一路径下，可用缺省路径符号"˜"代表，例如："d：/grads/data/model. ctl"所描述的
数据文件为"d：/grads/data/model. grd"，则既可定义为"DSET ˜model. grd"，也可
定义为"DSET d：/grads/data/model. grd"。

② TITLE string

用字符串 string 简略描述数据文件的内容，该标题将在 GrADS 的查询命令
"query"（或命令的简略形式"q"）中出现。

③ UNDEF value

说明数据文件中缺测值，GrADS 在运算操作和图形操作时将忽略这些格点。

④ OPTIONS ＜keywords＞

定义数据格式选项，keywords 有：＜yrev＞ ＜zrev＞ ＜sequential＞ ＜byteswapped＞ ＜template＞ ＜big endian＞ ＜title endian＞，分别用于表示：

- yrev：y 维数方向反向；
- zrev：z 维数方向反向；
- sequential：原始数据输出格式为顺序记录格式，缺省时为 direct 直接记录
格式；
- byteswapped：二进制数据的位存放顺序取反序；
- big-endian、little-endian：用于自动改变二进制位存放顺序；

• template：多个时间序列原始数据文件想用一个数据描述文件统一地描述这些原始数据时采用的选项，这些数据文件的文件名形式由 dset 定义的形式命名文件名，提示所含数据的时次。例如一个逐月资料的数据集，每个月的数据放在一个文件中，每个文件名形式为：

200812. dat

200901. dat

200902. dat

……

通过 dset 设置告诉 GrADS 数据集文件名用代换模式，格式为：dset ％y4％m2. dat

选项设置：options template

定义时间范围和增量：tdef 13 linear DEC2008 1mo

这样设置后，即可以利用该描述文件同时描述从 2008 年 12 月到 2009 年 12 月共 13 个月的数据文件。

其中，代换模式中正确的替换格式为：

％y2	2 位数年
％y4	4 位数年
％m1	1 或 2 位数月
％m2	2 位数月（用 0 补齐 1 位数）
％mc	3 字符月份缩写
％d1	1 或 2 位数天
％d2	2 位数天
％h1	1 或 2 位数小时
％h2	2 位数小时

⑤ XDEF xnum LINEAR ＜ start increment ＞ 或 XDEF xnum LEVELS ＜value-list＞

设置网格点值与 X 轴或者经度的对应关系，其中 xnum 是 X 方向网格点数，用整型数表示，必须大于等于 1，LINEAR 或 LEVELS 表明网格点映射类型。

取 LINEAR 时：网格点格距均匀，start 为起始经度，或 X ＝ 1 的经度，用浮点数表示，负数表示西经，increment 表示 X 方向网格点之间的格距，单位为度，用正浮点数表示；

取 LEVELS 时：网格点格距可以不均匀，用枚举法列出各网格点对应的经度值，value-list 顺序列出各格点的经度值，可续行表示，至少有两个以上格点时才可以用 LEVELS 描述方式。

例如：

XDEF 72 LINEAR 0.0 5.0

XDEF 5 LEVELS 60 80 100 120 140

⑥ YDEF ynum mapping ＜additional arguments＞

定义网格点值与 Y 轴或者纬度的映射关系,其中 ynum 为 Y 方向的格点数,用整型数表示,mapping 表示映射方式,不同的映射方式需要不同的附加条件＜additional arguments＞,映射方式有以下几种：

• LINEAR——线性映射
• LEVELS——纬度枚举法映射
• GAUST62——高斯(Gaussian) T62 纬度
• GAUSR15——高斯 R15 纬度
• GAUSR20——高斯 R20 纬度
• GAUSR30——高斯 R30 纬度
• GAUSR40——高斯 R40 纬度

取 LINEAR：格式为,LINEAR ＜start increment＞,start 是起始纬度,即 Y＝1 的纬度,以浮点数表示,负数表示南纬,increment 表示 Y 方向网格点间距,一般用正浮点数表示;

取 LEVELS：格式为,LEVELS ＜value-list＞,即顺序枚举 Y 方向一系列网格点对应的纬度值,可续行表示,至少有两个以上格点时方可用 LEVELS 表示方法;

取高斯 GAUS×××映射：格式为,GAUS×××＜start＞,start 为第一个高斯网格数,如果数据集是覆盖全球纬度的,则 start 为 1 表示最南端格点纬度。

例如：

YDEF 20 GAUSR40 15

表示 Y 方向共有 20 个网格点,起始点为高斯 R40 网格下的高斯纬度 15(即 64.100S),实际这 20 个网格点对应的纬度值为：

－64.10,－62.34,－60.58,－58.83,－57.07,－55.32,－53.56,－51.80,
－50.05,－48.29,－46.54,－44.78,－43.02,－41.27,－39.51,－37.76,
－36.00,－34.24,－32.49,－30.73

⑦ ZDEF znum LINEAR ＜start increment＞ 或 ZDEF znum LEVELS ＜value-list＞

设置垂直网格点与 Z 轴或气压面的映射关系,其中 znum 表示 Z 方向的网格点数,为整型数,mapping 为映射类型,LINEAR 或 LEVELS 表明网格点映射类型,LINEAR 为线性映射,LEVELS 是任意气压面映射。

取 LINEAR 时：start 为 Z＝1 时的值或起始值,increment 为 Z 方向的增量,从低到高,该增量可取负值。

例如：

ZDEF 10 LINEAR 1000 －100

表示共 10 层等压面，其值为 1000 hPa，900 hPa，800 hPa，700 hPa 等；

取 LEVELS 时：value-list 顺序枚举给出全部对应的等压面，若等压面只有一层，可以用 LEVELS 或 LINEAR 映射关系。

例如：

ZDEF 6 LEVELS 1000 850 700 500 300 200

⑧ TDEF tnum LINEAR start-time increment

设置网格值与时间的映射关系。其中，tnum 表示数据集中的时次数，用整型数表示，必须大于等于 1，start-time 表示起始日期/时间，用 GrADS 绝对时间表示法，其格式为：

hh:mmZddmmmyyyy

其中，hh 为两位数的小时，mm 为两位数的分钟，dd 为一位或两位数的日期，mmm 为三个字符的月份缩写，yyyy 为两位或四位数的年份（两位数隐含指 1950—2049 年），不给出时，hh 省缺为 00，mm 省缺为 00，dd 省缺为 1 号，月、年值不能省缺，整个时间字符串中不能有空格。

例如：

12Z1JAN1990

14:20Z22JAN1987

JUN1960

increment 为时间增量，格式为 vvkk，其中 vv 为增量值，用 1 位或 2 位整型数表示，kk 为增量类型，有如下几种：mn 表示分钟，hr 表示小时，dy 表示天，mo 表示月，yr 表示年，如：20mn 表示增量为 20 分钟，1mo 表示增量为 1 个月，2dy 表示增量为 2 天。

> **注意：**
> 　　即使数据文件中只有一个时次，在数据描述文件的时次说明里也必须给出时间增量，此时可任意设置时间增量的数值与单位。

例如：

TDEF 1 LINEAR 00Z1JAN2009 1dy

⑨ VARS number

表示变量描述开始，同时给出变量个数 number，每个变量描述记录格式如下：

varname levs units description

其中 varname 为 1 到 8 个字符组成的该变量的缩写名，用于 GrADS 中访问该变量,该名字要求以字母(a～z)开头,由字母和数字组成;levs 与 units 的设置将随数据格式的不同而不同,对常用的二进制数据来说,levs 为整型数,表示该变量在本数据集中含有的垂直层次数,该数不可大于 ZDEF 中给出的垂直网格层数,0 表示该变量只有一层,并且不对应于垂直层,如地表变量;units 为以后使用预留,暂时设为常数 0 或者 99;description 为一段说明该变量的字符串,最多 40 个字符。最后一个变量罗列完后,用 ENDVARS 表示数据描述文件结束。

注意:
数据描述文件中所有记录不区分大小写。

4. 数据描述文件的建立

数据描述文件为纯文本格式,可用一般的编辑器产生(如"记事本","写字板"等)。以"记事本"为例,描述文件编辑完成后,文件名保存时后缀名为".ctl",保存类型取"所有文件"。如图 2.1 所示。

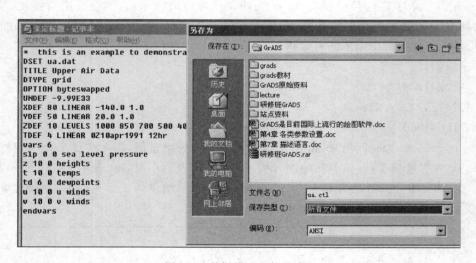

图 2.1　数据描述文件的建立

5. 数据文件的使用

有了数据文件(符合 GrADS 要求的数据格式)及与该文件相对应的数据描述文件之后,就可以使用命令在 GrADS 操作界面中对该数据进行绘图和数据加工了。

例如:在命令窗口 ga→提示符后输入下面命令:

open D:\GrADS\DATA\model. ctl(打开指定目录下"model. ctl"这个数据描述文件,通过"数据描述文件"间接使用"数据文件"—"model. grd")

这样,就可以利用其他命令对文件"model. grd"中的数据进行绘图和处理了。

2.4　常用格点数据资料的使用

目前,由美国国家环境预报中心(NCEP)和美国国家大气研究中心(NCAR)提供的全球格点再分析数据资料,以其更新速度快,数据范围广,输出物理量全面,并且能通过网络免费获取而成为国内外众多气象研究工作者首选的研究资料。了解和掌握该种资料的使用情况,将为读者今后的研究工作带来便利。下面对 NCEP/NCAR 提供的两种资料形式的使用进行简介。

1. netCDF 格式数据资料

NCEP/NCAR 提供了一种 netCDF(Network Common Data Format)数据格式的再分析资料,这种数据格式是一种自描述(Self-Describing)数据格式,不依赖于计算机平台,适合科学数据的交流。目前使用的 GrADS 版本都支持这种格式,能直接处理该类数据,不需要另外编写数据文件的数据描述文件。

这类数据文件的后缀名一般为".nc",通常数据集包含的为全球多层实时或者一定时间段内的某一物理量的数据资料,分辨率为 $2.5° \times 2.5°$ 或者 $1° \times 1°$。

使用该类型数据文件时,直接在命令窗口 ga→提示符后输入命令:

sdfopen ＜路径＞文件名 . nc

即可打开数据文件。

需要注意的是,虽然 GrADS 支持这种格式的数据,但是涉及要用程序对数据进行处理时,尚存在一定困难。所以,如果只是使用这类数据进行画图与 GrADS 的命令处理,则可以直接操作,但是如果要用于程序使用的话,建议利用 GrADS 命令"fwrite"(详见第 4 章)将所用数据先提取为".grd"的二进制数据文件,以后再用于编程。

2. GRIB 格式数据资料

NCEP/NCAR 还提供了一种 GRIB(Grid in Binary)数据格式的再分析资料,这种格式的数据也是 GrADS 可以直接读取的数据形式。但是使用前要先用"grib2ctl"和"gribmap"命令使其生成数据文件的数据描述文件(. ctl)和指针文件(. idx)。

这类数据文件通常没有后缀名,数据集包含全球多层实时或者一定时间段内的多个物理量的数据资料,分辨率为 $2.5° \times 2.5°$ 或者 $1° \times 1°$。

例如:现有 GRIB 格式实时数据资料文件"grib2005091000",其空间范围:经度 $0 \sim 360°$,纬度 $-90° \sim 90°$;层次:26 层;变量:82 个;时间:2005 年 9 月 10 号 00 时(世界时);分辨率:1.0×1.0。

使用时具体操作步骤如下：

（1）首先确认在安装 GrADS 程序的文件夹 PCGrADS 中，其下的 win32e 文件夹里是否存在可执行文件"grib2ctl. exe"。如果没有，可以从网络上下载得到后放入"C：\Program File\PCGrADS\win32e"中。

（2）进入 DOS 状态。可以从"开始"菜单的"运行"选项里输入"cmd"进入 DOS 状态，然后选择路径为"C：\Program File\PCGrADS\win32e"，在该路径下输入命令：

grib2ctl ＜路径＞grib2005091000 ＞ ＜路径＞2005091000. ctl

这样就可以在指定路径下生成数据文件"grib2005091000"的数据描述文件"2005091000. ctl"。

注意：
　　　命令中间的"＞"符号不能缺少，生成的数据描述文件的路径和文件名都是用户自己指定的。

（3）在相应的目录中找到生成的"2005091000. ctl"文件，用"记事本"程序将其打开，将文件中"endvars"后面多余的文字说明部分删除，然后重新保存。如果不删除将无法得到后面的指针文件。

（4）继续在路径"C：\Program File\PCGrADS\win32e"下输入命令：

gribmap －i ＜路径＞2005091000. ctl

这样在原来存放数据文件"grib2005091000"的目录下自动生成数据文件的指针文件"grib2005091000. idx"。

（5）经过上述处理后，在 GrADS 的命令窗口 ga→提示符后输入命令：

open ＜路径＞2005091000. ctl

即可使用"grib2005091000"文件中的数据了。

与 NetCDF 格式一样，如果要将 GRIB 格式数据用于程序使用的话，建议利用命令"fwrite"将所用数据提取为". grd"的二进制数据文件，以后再用于编程。

本章主要介绍了使用 GrADS 软件前的准备工作，即准备数据资料及数据描述文件。数据文件的常用格式有 Binary 格式、netCDF 格式和 GRIB 格式，用户可以通过编程产生，也可以从网络下载。GrADS 并不直接使用数据文件，而是通过一个与其对应的数据描述文件间接使用数据文件。下一章即将介绍 GrADS 软件利用数据资料进行绘图的基本方法。

课后练习

　　• 利用 Fortran 语言,将一个十进制数据文件转换生成为二进制数据文件,并为其编辑相应的数据描述文件,在 GrADS 命令窗口输入"open"命令,检查是否能正常打开此数据描述文件。

　　• 从网络资源免费获取 nc 或者 GRIB 码数据文件,根据 2.4 节所述方法,尝试在 GrADS 系统中使用此类型数据文件。

第 3 章 GrADS 的基本操作

通过前两章的介绍,我们对 GrADS 的运行界面和所能处理的数据资料已经有所了解,从本章开始将逐步介绍如何使用该软件对已有数据资料进行加工与图形显示,在学习的过程中,用户会实际体会到 GrADS 绘图功能的强大、方便、快捷与多样。前面介绍过 GrADS 软件的运行方式,是采用命令行输入的方式交互式地显示图形。所以,本章就一些基本操作命令作介绍,以便熟悉绘图流程。

3.1 基本操作命令

启动 GrADS 软件,在交互式环境下常用基本命令如下(在 ga→提示符后输入):

1. open <路径>数据描述文件名

open 命令用于打开 GrADS 的数据描述文件,启动 GrADS 后首先需要打开至少一个数据描述文件,命令如下:

open <路径>filename

其中 filename 为数据描述文件名,GrADS 中可打开多个文件,按打开文件的先后次序,系统自动给所打开的文件进行编号,第一个打开的文件为 1 号文件,第二个打开的文件为 2 号文件,以后依次顺排。1 号文件为缺省文件。GrADS 通过 open 命令打开数据描述文件,间接打开数据文件。

2. set 各类选项

set 命令是 GrADS 中功能最强大的命令,用于设置各种环境参数,包括维数环境、图形类型、图形要素、屏幕显示等等,详见第 4 章介绍。

3. display(或 d) 表达式

display 命令是对表达式处理后进行屏幕图形显示。最简单的表达式是变量名的缩写。

4. clear(或 c)

clear 是清屏命令,清除图形窗口的内容。

5. quit

quit 命令用于退出 GrADS 系统。

6. query(或 q) 选项

query 是系统环境设置的查询命令。

如 query define：可知道定义了哪些变量

　　　　　　dims：当前的维数环境

　　　　　　file n：查询第 n 号描述文件的内容

　　　　　　files：打开 n 个文件的次序

　　　　　　gxinfo：用在 d 之后，告诉用户图形的一些信息

　　　　　　time：时间设置信息

　　　　　　……

直接在 ga→ 提示符后输入 q 命令，就会显示 q 命令可带的所有参数及各项功能解释，根据其功能性质，q 命令的部分选项需用在 display 命令之后。

7. define 临时变量名＝表达式

define 命令用于定义新的变量，所定义的新变量可以用于随后的表达式中。新变量不是储存在硬盘上的，而是在内存中，所以，应尽量避免定义维数太多的变量。关于变量定义方法将在第 6 章中详细介绍。

8. draw 选项

draw 是 GrADS 提供的基础绘图命令，可以在没有操作数据的情况下直接进行所指定的图形元素的操作，如绘制字符串，直线，标记符号等。具体用法详见第 5 章。

9. modify 临时变量名　时间序列的类型＜seasonal diurnal＞

modify 命令可将自定义的变量声明为气候值，用于后面的时次代换。

10. run ＊. gs

run 命令用于执行文件 ＊. gs 中定义的操作。

11. 生成图形文件的命令

第一种方法（print 命令）：

enable print ＜路径＞＊. gmf（打开磁盘文件，用于存放当前屏幕上显示图形的图元数据）

print（执行输出，将结果存于指定文件 ＊. gmf 中）

disable print（只有执行了 disable 命令后，print 命令的结果才真正存于文件中。gmf 格式的图形文件可以用"C:\Program File\PCGrADS\win32e"文件夹中可执行文件"gv32. exe"查看或转换成 wmf 格式，也可以通过 gxps/gxeps 转换成 ps/eps 格式。）

注意：

　　　使用第一种方法存图时，上述 3 条命令必须依次完整地给出，根据绘图需要，3 条命令中间可以使用其他命令，其中 print 命令必须在 display 命令之后，以确保图形窗口有图形显示，方可用于保存。

第二种方法(printim 命令)：

printim ＜路径＞filename ＜option＞

printim 命令在 GrADSv1.8 以上版本有效，可以在批处理文件中使用。

filename:输出的目标文件名，若已经存在，则将覆盖，文件后缀名可以是 png，gif,TIF。

　　options：有多个选项时可以任意次序排列。选项如下：

gif：输出 GIF 格式文件(缺省为 PNG 格式)

black：采用黑色背景(缺省为当前的 display 设置)

white：采用白色背景(缺省为当前的 display 设置)

xNNN：水平方向为 NNN 个像素

yNNN：垂直方向为 NNN 个像素

　　例如：

输出 1000×800 图像像素的 PNG 图像：printim out. png x1000 y800

输出 800 × 600 图像像素的白色背景的 GIF 图像：printim out. gif x800 y600 white

12. reset

reset 命令用于清除掉所有 set 命令的设置，但 open 命令仍起作用。

13. reinit

使用 reinit 命令后，系统将回到刚进入 GrADS 时的状态。

3.2　基本操作流程

　　启动 GrADS 后，会弹出两个窗口，一个命令输入窗口，另一个是图形显示窗口。确定需要进行操作的数据文件后，即可在命令窗口输入命令，相应的图形将在图形窗口显示，如对所画图形不满意，可以使用"c"命令清除图形，然后根据需要使用"set"命令更新设置也便调整图形至用户满意为止，有需要保存的图形可以使用存图命令保存，否则可以清除后继续画新图或退出系统。基本绘图流程可以用下述步骤表示：

（1）打开数据描述文件

open ＊.ctl

（2）进行绘图要素设置

set 维数环境（包括 lat,lon,lev,time）

set 图形要素（包括出图类型,线条粗线,颜色等）

（3）显示图形

d 表达式

（4）清除图形（示需要使用）

c

（5）重新设置绘图要素

set……

（6）显示图形

d 表达式

（7）存图

enable print ＊.gmf（或者 printim ＊.png）

（8）退出 GrADS 系统

quit

3.3　示例演示

本书所用的演示数据,是从 GrADS 网站下载获得,地址如下：

ftp：//grads.iges.org/grads/sprite/tutorial

下载数据文件 model.le.dat 和数据描述文件 model.le.ctl,将其存于硬盘上的某一目录下,如：C:\PCGrADS\model。

1. 数据说明

model.le.dat 是二进制格点数据文件,为一组模式输出的全球 5 天的数值预报结果。有 7 个层次：1000 hPa、850 hPa、700 hPa、500 hPa、300 hPa、200 hPa、100 hPa,多个要素：ps、u、v、z、t…,时间从 1987 年 1 月 2 日开始,间隔 1 天,已知 X 方向间隔为 5°,Y 方向间隔为 4°。

关于数据文件 model.le.dat 的具体说明,可以打开 model.le.ctl 文件查看,如图 3.1 所示。

```
model.le.ctl - 记事本
文件(F)  编辑(E)  格式(O)  帮助(H)
dset  c:\pcgrads\model\model.le.dat
options little_endian cray_32bit_ieee
UNDEF  -2.56E33
TITLE 5 Days of Sample Model Output
XDEF 72 LINEAR  0.0 5.0
YDEF 46 LINEAR  -90.0 4.0
ZDEF 7 LEVELS 1000 850 700 500 300 200 100
TDEF 5 LINEAR 02JAN1987 1DY
vars 8
ps       0     99     Surface Pressure
u        7     99     U Winds
v        7     99     V Winds
z        7     99     Geopotential Heights
t        7     99     Temperature
q        5     99     Specific Humidity
ts       0     99     Surface Temperature
p        0     99     Precipitation
ENDVARS
```

图 3.1　数据描述文件

2. 示例演示

启动 GrADS 后,选择图形输出窗口的方式(L 或 n),然后在命令窗口 ga→提示符后输入以下命令,通过图形输出窗口可以观察输出结果。

命令输入:

open C:\pcGrADS\model\ model. le. ctl 　　(打开一个数据描述文件,通过"数据描述文件"间接使用"数据文件")

q file 　(查询数据描述文件的内容)

set lat 40 　　(以下 set 命令是设置维数环境,关于维数环境的介绍详见第 4 章)

set lon −90

set lev 500

set t 1

d z 　(显示该变量)

c 　(清屏)

set lon −180 0 　(重新设置维数环境)

d z

c

set lat 0 90

d z

quit　（退出 GrADS 系统）

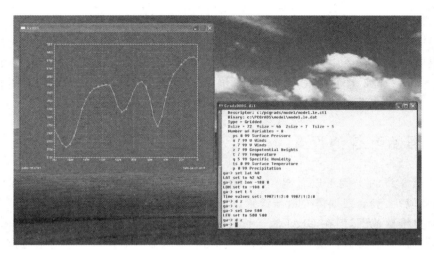

图 3.2　实例演示

　　每次使用"d"命令后，都可以在图形输出窗口观察输出结果。比较不同的维数环境设置下，输出结果有何不同？关于"set"命令的应用将在第 4 章具体介绍。

课后练习

　　• 根据本章提供的地址，从 GrADS 网站下载数据文件 model.le.dat 和数据描述文件 model.le.ctl，认真阅读数据描述文件的内容，了解各项数据信息。

　　• 通过基本命令的学习，利用所下载的数据资料，练习基本命令的使用，参考 3.3 节的示例，将所绘图形保存为 gmf 或 png 格式的图片文件。

第 4 章　绘图要素的设置

　　在基本操作命令中,set 命令具有非常重要的功能,用于设置各种运行环境的参数,包括维数环境、图形类型、图形要素、屏幕显示等。所以,set 命令对按绘图的正确性和效果的影响至关重要。本章将介绍 set 命令各参数设置的具体功能。

4.1　维数环境的设置

　　从第 3 章的实例可以看出,在 GrADS 运行中,对要显示的表达式的时空范围(维数环境)一般会根据需要重新设置。虽然在数据描述文件中给出了各物理变量数组的时空维数范围,但在 GrADS 运行环境中还需设定全数据集中参与操作的部分或全部数据集的维数情况,以供后面的表达式、显示命令等使用。这就是维数环境的设置。

1. 维数环境的概念

　　维数环境(Dimension Environment)是 GrADS 中的一个重要概念。GrADS 系统视每一个物理变量(VAR)场为一个四维数据集(4D data set),即包括三维空间 (x,y,z) 和一维时间 (t)。也可固定其中的一维或几维以获得实际的低于四维的数据子集。

2. 设置的作用

　　GrADS 中设置维数用以说明或指定随后的分析或图形操作时参加操作的原始数据集的维数范围,即通过设定工作数据的起止点数来设定最后工作数据场的数组成分。该工作数据集可以是整个原始数据场,也可以是原始数据场的一部分。例如,原始数据集是全球场数据资料(如 model. le. dat),实际绘图时可以通过 set 命令设置只选取中国区域的数据资料进行处理与显示。

　　在 GrADS 运行中,维数环境的设置是可以根据需要适时改变的,随后参与操作的数据范围以当前维数环境的设置为准,表达式的值也是根据当前维数环境来计算的,图形显示也取决于当前维数环境。

3. 维数环境的定义

维数环境的定义可在两种空间坐标上进行。

(1) 一种是地球坐标(world coordinate),以经纬度为度量单位。

形式如下：

set lon|lat|lev|time val1 ＜val2＞

（2）一种是格点坐标（gridcoordinate），以网格点数为度量单位。

形式如下：

set x | y | z | t val1 ＜val2＞

4. 定义说明

（1）在维数环境的定义形式中，"|"符号表示前后各项是可互换的任选项，"＜ ＞"表示任选项，不一定出现，以后同。

（2）两种定义形式对应于同一组数据，前者为地球坐标，后者是网格坐标。在维数环境表达式中 x、y、z、t 与 lon、lat、lev、time 是分别对应于两套坐标的专用维数变量，含义固定，如 x 与 lon 都表示自西到东指向的（缺省方向）水平坐标；y 与 lat 都是由南向北指向的（缺省方向）水平坐标；z 与 lev 都指从地面到高空的（缺省方向）垂直坐标；t 与 time 都是时序坐标。

（3）地球坐标的单位分别为：水平空间单位用"度"，东经为正，西经为负，或用大于 180 度表示；南纬为负，北纬为正。垂直方向由下向上，单位为"百帕"。时间用绝对时间格式。格点坐标则是用网格点数直接表示。

（4）"val1"表示起始值，"val2"表示终止值，不出现"val2"时表示该维数方向是固定维数，出现"val2"时表示该维数方向是变化维数。并规定 val1＜val2。两种坐标可以混用，其内部对应于同一数组维数环境。

例如：

set lon －180 0　　（设定经度变化从西经 180°至 0°）

set lat 0 90　　（设定纬度变化从赤道至北纬 90°）

set lev 500　　（设定高度维数固定在 500 hPa 等压面）

set t 1　　（设定时次固定为数据集中第一个时次）

（5）当所有维数都固定时，得到的是一个单值数据点；如果只有一维变化，得到的是一维数据线，屏幕显示时为一条曲线；二维发生变化时对应于二维剖面，屏幕显示时缺省表达为二维平面图，也可显示为一维曲线的动画序列；三维发生变化时GrADS 解释为一个二维剖面的序列，屏幕显示时须设定一维作为动画维（通常是时间维），以动画方式显示；四维变化时只适用于 GrADS 中个别命令，不能以图形方式显示。总之，图形输出只能以二维或一维方式表达。

（6）维数环境的设置一直保持到再次设定时都有效。要查看当前维数情况，可以在运行环境中输入命令：

ga→ q dims

对应上述说明，用户可对第 3 章中的示例重新加以操作理解。

4.2　图形类型的设置

当维数环境确定后,缺省情况下,一维变量输出的图形为单线图,二维变量为等值线图,改变缺省图形输出类型的命令为:

set gxout graphics_type

其中 graphics_type 是用户选择的图形类型,对格点资料和站点资料,可以选择的类型不同。

1. 格点数据

- contour:二维等值线图(缺省设置)
- shaded:二维填色图
- grid:二维场不绘图,以网格形式在各网格点中央标出该点数值
- fwrite:图形不在屏幕上显示,而是将输出结果存入一个由"set fwrite 文件名"所指定的文件中
- fgrid:用指定颜色填充二维格点场,对二维场不绘制等值线图,只是将特定值的格点用指定的颜色填充该网格
- vector:矢量箭头形式绘二维风场(缺省设置)
- stream:流线形式绘制二维风场
- barb:风向杆形式绘制二维风场
- line:对一维场绘制单线图(缺省设置)
- bar:对一维场不绘单线图,而绘制直方图
- linefill:两单曲线之间填色
- errbar:单线图及误差分布

2. 站点数据

- value:在各站点标值(缺省设置)
- barb:在各站点绘风向标(缺省设置)
- findstn:搜索最近的站点
- model:以天气图形式将天气观测各分量填写在站点四周
- wxsym:绘 wx 天气符号

3. 使用说明

对于上述所介绍的图形类型,以下给出部分常用类型在设置时的具体使用情况。

(1)当图形输出类型为 vector、stream 和 barb 时,通常用于风场资料的显示,在命令后需给出两种数据,两者间用分号";"隔开,前者理解为 X 方向风速水平分量

U,后者理解为 Y 方向风速水平分量 V;当图形输出类型为 errbar、scatter、linefill 时,也须用分号将两种数据分开。

例如:

set gxout stream

display u ;v　　(以流线形式显示 u、v 风场的合成矢量图)

(2) 对于 vector 和 stream 类型的图形,可以给出第三种数据,图中彩色分布值代表第三分量值。

例如:

set gxout vector

display u ;v ;hcurl(u,v)　　(第三个变量用于计算垂直涡度,呈彩色分布,彩色值代表其值)

(3) 当图形输出类型为 fgrid 时,与命令 set fgvals val col 合用,其中 val 表示指定的数值,col 表示对应指定数值的指定颜色。

例如:

set gxout fgrid

set fgvals 20 2 22 3 ……　　(将数值为 20 的所有格点用 2 号颜色填充,数值为 22 的格点用 3 号颜色填充)

display t　　(以格点填充方式显示温度场)

(4) 对于 fwrite 类型而言,图形不在屏幕上显示,而是将输出结果存入一个由 "set fwrite 文件名"所指定的文件中。

例如:

open c:\pcgrads\model\model. le. ctl

set fwrite d:\result\u. grd　　(指定要输出的数据资料文件名 u. grd)

set gxout fwrite　　(设置输出类型)

set lev 500　　(设置维数环境)

set t 1

set lon 120 270

set lat —10 10

d u　　(将变量 u 在指定维数环境内的数据资料存入文件 u. grd 中)

disable fwrite　　(关闭文件 u. grd)

注意：

　　set gxout fwrite 是一种特殊的输出格式，它不以图形方式显示数据，而是将数据转向一个二进制文件输出。一般情况下，输出到 fwrite 文件的数据以数组方式存放。但是由于地图坐标向格点坐标转换过程中的误差，需要仔细确定输出数据的维数。确定输出数据的维数后，生成的数据文件可利用 Fortran 程序进行读取。fwrite 类型常用于数据资料的提取，见 2.4 节所述。

4.3　图形要素的设置

通过图形要素设置可以控制图形的输出。有些设置对多数图形输出类型有效，有些设置只对某一种图形输出类型有效。有些设置一旦设定，会一直保持不变，有些设置在键入"clear"或"display"命令后会回到缺省设置状态。

1. 对于图形类型为 contour 起作用的设置

（1）set ccolor cnum——设置等值线颜色。

其中，cnum 为颜色号：

0—黑色，1—白色，2—红色，3—绿色，4—蓝色，5—青色，6—洋红，7—黄色，8—橘色，9— 紫色，10—黄绿色，11—中蓝色，12—深黄色，13—水绿色，14—深紫色，15—灰色

该设置在"clear"或"display"命令后即需重新设定颜色。

（2）set ccolor rainbow——设定等值线颜色用七彩序列表示。

（3）set cstyle style——设定等值线线型。

其中，style 为线型号：

0—无线条，1—实线，2—长虚线，3—短虚线，4—长短线，5—点线，6—点划线，7—两点一划线 。

该设置在"clear"或"display"命令后即重新设定。

（4）set cthick thckns——设定等值线线宽。

其中，thckns 为线宽值，取值范围：1～10 之间的整数，线宽大于等于 6 的线条在屏幕上用粗线显示，主要用于控制硬拷贝输出。

注意：

　　set cthick 6 与 set cthick 4 的设置对图形窗口显示的线条，肉眼可能看不出粗细分别，但是图形打印输出时，不同设置所绘线条有明显粗细差别。

（5）set cterp on|off——设置样条插值光滑开关，再定义后才重新设置，填色图没有样条光滑，设定 cterp 为 off 可使填色图与等值线图的边缘重合，也可用 cs-mooth 选项来达到上述目的。

（6）set clab on｜off｜forced｜string｜auto——控制等值线的标记方式。再定义后才重新设置。

其中：

- on——快速等值线标记，标记在等值线的水平处（缺省设置）
- off——不标记
- forced——强迫标记所有等值线
- string——用字符串 string 替换等值线标记数值
- auto——缺省方式

例如：

set clab %gK　　将在等值线标记数值的最后标记上"K"

set clab %g%%　　将在等值线标记数值的最后标记上"%"

set clab %.2f　　以小数点后保留 2 位的格式标记等值线数值

set clab %03.0f　　以 3 位整数（首位 0 保留）形式标记等值线数值

set clab Temp　　用字符串"Temp"标记所有等值线

（7）set clopts color <thickness <size>>——设置等值线标记的颜色。

其中，color 是颜色号，−1 为省缺，表示采用等值线的颜色进行标记；thickness 为标记的线宽，−1 为省缺；size 为标记的大小（单位：英寸），0.09 为省缺。该设置在下一个 set clopts 命令前一直有效。

（8）set clskip number——设置间隔几根等值线标示数值。

2. 对于图形类型为 contour 或 shaded 起作用的设置

（1）set cint value——设置等值线间隔，该设置在"clear"或"display"命令后即重新设置。

（2）set clevs lev1 lev2——设置特定的等值线值，只画 lev1，lev2，……值所在的等值线，用于不等间隔绘图，该设置在"clear"或"display"命令后即重新设置。

例如：

画零风速线：set clevs 0;d u

画赤道：set clevs 0;d lat

（3）set ccols col1 col2——设置对应于"set clevs"命令设定的特定等值线的颜色，该设置在"clear"或"display"命令后即重新设置。省缺的彩虹颜色号序列为：9，14，4，11，5，13，3，10，7，12，8，2，6。

（4）set csmooth on|off——设置是否将网格值重新插值。

如取"on"，则在绘等值线图前用三次插值将现网格值插到更精细网格上，重新设置才改变本次设置。

> 注意：
>
> 　　该插值会导致出现比插值前网格值最大（小）值更大（小）的值的现象，因而可能会出现诸如负降水等不合理数值。

（5）set cmin value——设置不画低于此 value 值的等值线。该设置在"clear"或"display"命令后即重新设置。

（6）set cmax value——设置不画高于此 value 值的等值线。该设置在"clear"或"display"命令后即重新设置。

（7）set black val1 val2——设置不画介于 val1 和 val2 之间的等值线。该设置在"clear"或"display"命令后即重新设置。

3. 对于图形类型为 contour，shaded，vector，stream 起作用的设置

（1）set strmden value——设置流线密度。

其中，value 的取值范围为 1～10 的整数，5 为缺省设置值。

（2）set rgb cnum red green blue——设置自定义颜色号。

其中，cnum 取值范围为 16～99（0～15 已被 GrADS 系统预定义了），red、green 和 blue 分别表示该颜色号所定义颜色的三原色分布，取值范围都是 0～255，例如：set rgb 50 255 255 255 表示定义一种新颜色为 50 号颜色，彩色实际为白色。

（3）set rbcols color1 color2 ＜color3＞…——设置新的彩虹颜色序列。

其中，color1，color2，……可以用"set rgb"命令定义新的颜色号，该新的彩虹颜色序列在随后的彩虹颜色调用中取代原缺省的彩虹颜色序列，重新设置后才改变原设置。

（4）set rbcols auto——起用内定的彩虹颜色。重新设置后才改变原设置。

（5）set rbrange low high——设置彩虹颜色序列对应的等值线的取值范围，缺省时，最低值和最高值对应取为变量场的最小值和最大值，"clear"命令后即重新设置。

4. 对于图形类型为 line 起作用的设置

（1）set ccolor color——设置线条的颜色号。该设置在"clear"或"display"命令后即重新设置。

（2）set cstyle style——设置线条类型。该设置在"clear"或"display"命令后即重新设置。

（3）set cmark marker——设置线条上的标记符号。

其中,marker 为标记符号值:0——无标记,1——叉号,2——空心圆,3——实心圆,4——空心方框,5——实心方框。该设置在"clear"或"display"命令后即重新设置。

（4）set missconn on|off——缺省设置时,线条在缺测资料点断开,设置"set missconn on"将连接缺测资料点。

5. 对于图形类型为 bar 起作用的设置

（1）set bargap val——以百分比值设定直方条之间的间隔。

其中,val 取值为 0~100,省缺值为 0,即无间隔,当 val 取 100 时直方图退化为垂直线条直方图。

（2）set barbase val|bottom|top

如给出 val 值,则各直方条从该值处起画（向上和向下）,所画直方条取值于 y 轴坐标尺度之内;如给 bottom,各直方条从图框的底边向上绘出;如给 top,直方条从图框顶边向下绘出。

6. 对于图形类型为 grid 起作用的设置

（1）set dignum number——设置小数点后的位数为 number。

（2）set digsize size——设置数字的字符大小,size 单位为英寸,通常取为 0.1~0.15。

以上两种设置均重新设置后才改变原设置。

7. 对于图形类型为 vector 起作用的设置

（1）set arrscl size ＜magnitude＞——设置矢量箭头的长度为和矢量标尺。

通常 size 取为 0.5 ~1.0,单位:英寸（虚页面）;选项 magnitude 为设定矢量标尺,一般显示在图形右下方。缺省时所有矢量同长,该设置在"clear"或"display"命令后即重新设置。

例如:

set arrscl 0.5 10（设置箭头长度为 0.5 英寸,矢量标尺为 10 m/s）

（2）set arrowhead size——设置箭头大小。

size 值通常取为 0.05,如取为 0,则不画箭头的头;如取为负值,箭头大小与矢量值成比例（张角的大小）。

8. 对于图形类型为 fgrid 起作用的设置

set fgvals value color ＜value color＞ ＜value color＞…

对取值为 value 的网格点用颜色为 color 的色块标记该网格,每个格点的值取法是四舍五入,要绘出的值点须逐个举出,未列出的值不绘图。

4.4　坐标要素的设置

对于出图时坐标要素的控制,可以参考以下设置:

(1) set vrange y1 y2

　　　set vrange2 x1 x2

分别设置 y 坐标轴和 x 坐标轴标尺的取值范围,"clear"命令后即重新设置。

(2) set zlog on|off

对 z 维数方向取对数尺度的开关。on 表示 z 维数方向取为对数尺度,重新设置后才改变原设置。

(3) set xaxis|yaxis start end <incr>

设置坐标轴(x 轴或 y 轴)的坐标从起始值 start 到结束值 end,并用 incr 作为刻度的增量,标尺可与所绘的数据和维数无关。

(4) set grid on | off | linestyle | horizontal | vertical | color

控制是否绘网格线。on 绘网格(缺省),off 不绘网格;color 和 linestyle 为网格线的颜色和线型,缺省时,color 为 15(灰),linestyle 为 5(点线);horizontal 表示只画水平网格线;vertical 表示只画垂直网格线。

(5) set xlopts color <thickness < size >>

　　　set ylopts color <thickness < size >>

设置 x,y 轴的颜色、线宽和字符大小。

其中,xlopts 控制 x 坐标轴,ylopts 控制 y 坐标轴;color 为坐标轴标尺的颜色号(缺省为 1);thickness 为坐标轴标尺的线宽(缺省为 4);size 为坐标轴刻度的大小(缺省为 0.12)。

(6) set xlevs lab1 lab2…

　　　set ylevs lab1 lab2…

设置 x,y 坐标轴标尺上要标记的值,本设置不适用于时间坐标轴,"clear"命令后即重新设置。

(7) set xlint interval

　　　set ylint interval

设置坐标轴的标记间隔 interval。set xlevs/ylevs 可再控制标记的分布,display 或 clear 命令后即重新设置 。

注意：

　　　若设置 interval 为正值,无论数据起始值为多少,则标记总是从 0 开始,例如设置 interval 为 3,则实际标记为 0,3,6,9,…;若设置 interval 为负值,则表示从坐标轴起始值开始标记,例如:坐标轴开始值 为 30,interval 为 −10,则实际标记为 30,40,50,…;本设置与"set xlevs|ylevs"命令同时使用时将失效;此外,该设置不适用于时间坐标轴。

(8) set grads on|off

开关选择是否打印出 GrADS 的标注。

4.5　图注设置

对于图形中标注的控制,可以参考以下设置:

(1)draw title string

使用"draw"命令在图形顶部写一字符串 string 作为图的标题,字符串中如有反斜杆"/",表示另起新行。该命令应在"display"命令后使用。

(2)draw xlab string

　　draw ylab string

使用"draw"命令在 X 轴或 Y 轴侧边写一字符串 string 作为坐标轴的标注。

注意：

　　　以上两条常用图注设置属于"draw"命令的应用,考虑到内容的相关性,本章提前介绍了,关于"draw"命令的其他应用详见第 5 章。

(3)set xlab on | off | auto | string

　　set ylab on | off | auto | string

同 set clab 命令原理,如:set ylab %.2f 将以小数点后两位的格式标记 y 轴坐标。"clear"命令后即重新设置。

(4)set annot color <thickness>

设置上述图注所用的颜色 color 和线宽 thicknesses。省缺时,颜色为白色,线宽为 6。该命令同时也设置了坐标轴的边框、坐标轴标记和刻度的颜色及线宽值,坐标刻度和标尺的实际绘图线宽为 thickness 值减 1。

(5)set xyrev on

交换水平和垂直坐标轴所代表的维数方向。

（6）set xflip on

    set yflip on

设置水平坐标轴或垂直坐标轴的维数方向取反向。

以上坐标轴的设置当"clear"或"set vpage"命令后即重新设置。

4.6　地图投影的设置

GrADS 系统自带了丰富的地图投影坐标，绘图时可以根据需要设置不同的地图投影方式及投影要素。

（1）set mproj proj

设置当前地图投影方式。

proj 取值包括：

latlon—省缺设置，用固定的投影角进行 Lat/lon 投影；

scaled—用不固定的投影角进行 latlon 投影，地图比例失效；

nps—北半球极地投影；

sps—南半球极地投影；

robinson—robinson 投影（x：−180 180；y：−90 90；）；

lambert—lambert 投影。

off—同"scaled"设置，但不画出地图，坐标轴也不代表 lat/lon。

（2）set mpvals lonmin lonmax latmin latmax

设置极地投影时经度和纬度值的取值范围，缺省时取为当前维数环境。GrADS 能绘出极地投影图的经纬线，但目前尚不能标记经纬度数值。

（3）set mpdset <lowres|mres|hires|nmap>

设置地图数据集。lowres（缺省）为低分辨率地图集，mres（hires）为中（高）分辨率地图集，nmap 为北美地图集。

> 注意：
>
>   更多地图数据集可以通过网络下载，下载后将数据文件存放在 pcGrADS 目录下的 dat 文件夹中即可使用。
>
>   例如：下载中国行政区域的地图数据集，文件名称为"cnworld"，按上述方式存放后即可以在绘图过程中使用"set mpdset cnworld"命令显示出较细致的中国行政边界地图。

（4）set poli on|off

在 mres 或 hires 地图集中开关选择是否使用行政边界，省缺设置为 on。

(5) set map color style thickness

设置地图背景的颜色(color)、线型(style)和线宽(thickness)。

(6) set mpdraw on|off

选 off 则不绘地图背景,但地图标尺仍起作用。

4.7　绘图区域的设置

GrADS 定义的绘图区域为横放或竖放两种矩形区域(缺省为横放),横放即所谓风景画形式(Landscape),竖放即所谓肖像画形式(Portrait)。GrADS 的绘图工作区分三个层次,一层是实际页(real page),即硬拷贝的 A4 纸大小,单位为英寸(注意横放"11×8.5"或竖放"8.5×11");一层是虚拟页(virtual page),单位也是英寸,缺省时虚拟页等同于实际页;第三层是在虚拟页中指定绘图区域(parea),其单位用的是虚拟页中的虚英寸,即缺省时等同于实际英寸,当设置虚拟页后按比例度量。实际绘图时可以根据需要对绘图区域进行设置。

> 注意:
> 　　指定的绘图区域只包含图形,不包括坐标轴、标题等附属信息的位置,即绘图时要预留出附属信息的区。

常用设置如下:

(1) set vpage xmin xmax ymin ymax

通过定义在实际页上一个或多个虚拟页来控制绘图的数目和大小。本命令在实际页上用 xmin,xmax,ymin,ymax(英寸)设置了一个虚拟页,随后的所有图形都输出到这张虚拟页上(单位为虚拟页英寸),直到下个"set vpage"命令出现。新的虚拟页清除全部物理页上的内容,包括任何已画上的虚拟页。

> 注意:
> 　　当 GrADS 启动,系统即提示选择是用横放还是竖放模式,两者定义的实际页大小都是 11×8.5 或 8.5×11 英寸见方。定义的虚拟页一定要适合实际页的大小,不能超出,但可缩小。虚拟页命令定义的虚拟页单位仍用英寸(虚拟页英寸)。各种图形命令所指的英寸大多是虚拟页英寸,缺省时实页等同于虚拟页,虚拟页对应于实页上的位置,显示在屏幕上虚拟页仍是满屏的,而区域 parea 对应于虚拟页上的位置。用虚拟页可在实际页上实现一页多图。

（2）set vpage off

回到缺省的实（际）虚（拟）页相同的状态。

（3）set parea xmin xmax ymin ymax

在虚拟页中定义了一块区域 parea 用于 GrADS 的绘图,但该区域不包括标题、坐标轴标记等。设置的区域用于等值线绘图、地图绘图、单线绘图,该区域内以虚拟页英寸为单位。缺省时,自动按图形类型设置绘图区域。

（4）set parea off

回到缺省状态。

4.8　屏幕显示设置

屏幕显示的图形效果为最终硬拷贝的输出结果,除了绘图时可以对图形本身的要素加以设置外,屏幕显示也可以进行设置,以满足输出需要。

（1）set display grey|greyscale|color ＜black|white＞

设置显示模式,省缺为彩色,填色图和等直线图用彩虹的颜色填绘。

grey—灰色显示;

greyscale—等直线用单一的灰色显示,填色图用 greyscale 序列填色。

color—选项 black 或 white 用于设定硬拷贝的背景色,省缺为 black。

（2）set frame on | off | circle

设置绘图边框,其中:选项 on 是在剪辑后的绘图区域外画一矩形方框;off 是不画矩形边框;circle 是对 lat-lon 投影图画矩形边框,对极地投影图在最外圈纬度上画圆框。

4.9　动画显示设置

当有三维环境变化时,显示的将是二维剖面图的动画序列,可以对动画维进行设置。当少于三维变化时,也可以进行动画显示。设置参考如下:

（1）set loopdim x| y| z| t

设定一维为动画维,动画显示其二维场图形,缺省时指对时间维作动画。

例如:

……

set t 2

set lat 20 40

set lon 80 120

set lev 1000 500

set loopdim z

d z

图形将以动画方式依次显示第 2 时刻 1000hPa 到 500hPa 各层高度场水平分布图。

(2) set looping on| off

三维以下变量要用动画显示时须设置动画显示操作 on,完成后须关闭动画 off。

4.10　实例应用

下面将通过具体实例的学习,详细了解上述各类参数设置的具体应用。以下所列实例均采用编写"gs"命令集(∗ . gs),通过"run"命令在交互环境下执行。在学习实例前,首先了解批命令的使用。

1. 批命令的概念

如 1.5 节中所述,GrADS 系统允许将交互环境下键入的命令罗列在一个文本文件中,然后通过"exec"命令批处理执行,或者用描述语言(script language)编写具有复杂功能的 gs 命令集(∗ . gs),通过"run"命令执行。启动 GrADS 后,可以输入下面的命令以执行某个批操作,格式如下:

run name. gs　或　exec name. exc

其中,name. gs 和 name. exc 分别为描述语言程序和批处理命令集,name 为用户自定义名。

(1) " ∗ . exc"文件

直接把交互状态下输入的一系列 GrADS 环境内的命令写到一个文件中,分行写,一个命令操作写一行,文件以纯 ASCII 文本形式写,文件名可任意取,建议取形式" ∗ . exc",执行时在 GrADS 命令提示符号后键入"exec ∗ .exc"即可批处理执行该文件中全部操作。

(2) " ∗ . gs"文件

GrADS 提供了功能更强的批处理操作和界面设计语言—描述语言(script language)。该语言是一种解释型高级语言,解释器就是 GrADS 本身,语言的程序由"run"命令执行。描述语言程序本身由纯 ASCII 码文本形式书写,即可以由文本编辑器进行编辑。程序由记录组成,每个记录(指命令语言部分)两侧有单引号,一个记录由分号";"或行结束符来分辨,即命令可以分行罗列,也可用分号相连写在一行上。文件编辑完成后,通常以";"结束,保存方法同建立 CTL 文件一样,文件名可任意取,建议取形式" ∗ . gs",执行时在 GrADS 命令提示符号后键入"run ∗ . gs"即可批处理执行该文件中全部操作。

2. 实例说明

（1）绘制一维数据线,图形类型为"line"型。命令集名称为"line. gs",编写如下:
′open c:\pcGrADS\model\ model. le. ctl′（打开数据描述文件,注意文件路径的正确性）

′set lat 40′

′set lon −180 0′

′set lev 500′

′set t 1′（以上是维数环境设置）

* ′set gxout line′（设置出图类型为 line 型,对一维单线图而言,line 型是缺省形式,所以这里可以缺省设置）

* ′set ccolor 2′（设置线条的颜色为红色(2),0 为缺省值(黑色)）

′set cmark 3′（设置线条上图节点的标注为实心圆(3),2 为缺省值）

′set cstyle 1′（设置线条类型,缺省值为 1 ,即实线）

′set cthick 6′（设置线条粗细,当数值大于 5 时线条加粗）

′set grid on 3 3′（设置画网格线,网格线的线型为短断线(3),颜色绿色(3),缺省设置为 grid on ）

′d z′（显示变量 z）

′printim c:\result\line. png white′（把图形存于名为"line. png"文件中,图片背景为白色）

;

> 注意:
>
> 　以"*"开头的命令行表示用户可选择是否使用,如果需要使用,则去除"*",否则保留"*"。许多设置可以首先考虑由 GrADS 自行设定(缺省值),如果不满意或不符合要求,再由用户自定义。

本例取用户自定义设置,即不使用"line. gs"文件中的"*",最终所得图形"line. png",效果如图 4.1 所示。

（2）绘制二维剖面图,图形类型为等值线"contour"型。命令集名称为"contour. gs",编写如下:

′open c:\pcGrADS\model\ model. le. ctl′

′set lat 0 90′

′set lon −180 0′

′set lev 500′

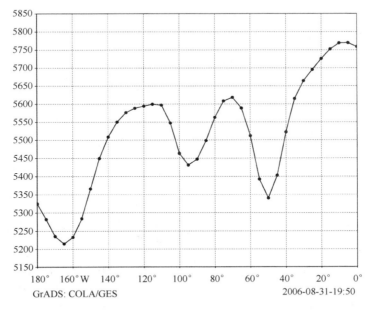

图 4.1　line 类型图形

'set t 1'

'set gxout contour'　（设置出图类型为 contour 型，对二维图形而言，contour 型是缺省形式，所以这里可以缺省设置）

'set cint 8'　（指定等值线间隔）

'set cterp on'　（设置样条光滑）

'set csmooth on'　（设置精确网格插值）

'set rgb 20 160 240 40'　（用户自定义颜色号 20）

'set ccolor 20'　（设定等值线颜色为用户定义的颜色）

'set clab %.1f'　（设置等值线的标记方式为小数后保留一位）

'set clskip 4'　（每隔 3 条等值线标记数值）

'set clopts 3 0.1 0.2'　（设置等值线标记的颜色<粗细<大小>>）

'd z/9.8'　（显示位势高度）

'set clevs 588'　（指定画等值线 588 线）

'set ccols 2'　（为指定等值线设置颜色为红色(2)）

'set cthick 7'　（加粗指定等值线）

'd z/9.8'　（显示指定等值线）

'printim c:\result\contour. gif gif white'　（将屏幕中所显示的图形存于名为

"contour. gif"文件中,图片背景为白色)

；

```
注意：
    文件里使用了两次"display"命令,中间没有清屏命令"c",故两次
显示的图形画面是叠加在一起的。注意对某等值线进行特殊处理的方
法,以及叠加次序。
```

本例所得图形文件"contour. gif"的最终效果如图 4.2 所示。

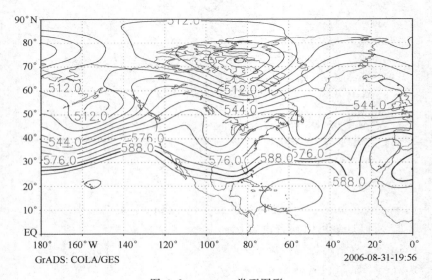

GrADS: COLA/GES   2006-08-31-19:56

图 4.2 contour 类型图形

（3）绘制阴影图,图形类型为等值线"shaded"型。命令集名称为"shaded. gs",
编写如下（图形效果见图 4.3）：

'reinit'　（设置系统回到初始状态）

'open c:\pcgrads\model\model. le. ctl'

'set lat 10 40'

'set lon −180 −100'

'set lev 500'

'set gxout shaded'　（设置出图类型为 shaded 型）

'set grads off'　（不输出 GrADS 的标注）

'set rgb 17 220 220 220'　（用户自定义颜色号）

'set rgb 18 180 180 180'

$'$set rgb 19 140 140 140$'$

$'$set rgb 20 100 100 100$'$

$'$set rgb 21 40 40 40$'$

$'$set clevs −30 −20 −10 0$'$　　（设置特定等值线）

$'$set ccols 17 18 19 20 21$'$　　（设置特定等值线之间填充的颜色，对于 shaded 型，颜色号数目应比等值线数目多 1 个）

$'$d t−273.15$'$

$'$cbar 1.0 0$'$　　（在图形下方标注水平向色标）

$'$printim c:\result\shaded.png white$'$

$;$

> 注意：
>
> 　　"cbar"（或 cbarn）是 GrADS 软件自带的 gs 批处理命令，其功能是针对阴影图形给出色标，色标中不同颜色对应图中不同数值区域。命令 'cbar val1 val2' 中，第一个数值表示标尺尺寸的选择，可以 1.0 或 0.5，分别表示全尺寸、半尺寸；第二个数值表示标尺放置位置，0 表示竖放，1 表示横放。用户在编辑 gs 文件时可直接使用此类批命令，批命令也可以设置参数。

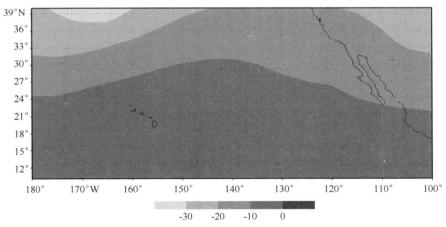

图 4.3　shaded 类型图形

　　（4）利用虚拟页面的设置在图形窗口将两幅图左右放置，以便观察不同时次高度场的变化情况。命令集名称为"windows.gs"，编写如下：

$'$open c:\pcgrads\model\model.le.ctl$'$

$'$set lat 0 90$'$

'set lon −180 0'

'set lev 500'

'set t 1'

'set vpage 0 5.5 0 6'　　（设置虚页面大小(单位：英寸)）

'set annot 8 8'　　（设置坐标轴边框的颜色和粗细）

'set xlopts 4 1 0.1'　　（设置 X 轴标记数字的颜色、粗细和大小(英寸)）

'set ylopts 13 2 0.1'　　（设置 Y 轴标记数字的颜色、粗细和大小(英寸)）

'set grads off'

'd z'　　（显示第一时次高度场,放置图形窗口左边）

'set vpage 5.5 11 0 6'

'set t 2'

'd z'　　（显示第二时次高度场,放置图形窗口右边）

'printim c:\result\windows. png white'

;

> 注意：
>
> 　　虚页面的设置要在所选定的图形窗口(11×8.5 或 8.5×11 英寸)的范围内。

本例所得图形文件"windows. png"的最终同时显示的两图效果如图 4.4a、4.4b
所示。

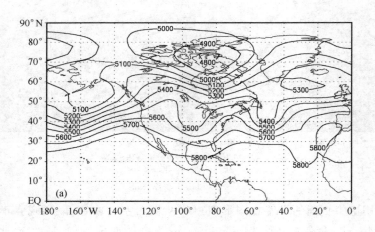

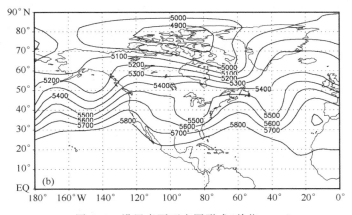

图 4.4　设置虚页面出图形式（单位：gpm）

(a)第一时次高度场；(b)第二时实次高度场

（5）以北半球极射投影方式绘制指定区域内的流场图（"stream"型）。命令集名称为"stream. gs"，编写如下：

```
'open c:\pcgrads\model\model. le. ctl'
'set grads off'（不显示 GrADS 标记）
'set lat 10 80'
'set lon -120 -10'
'set lev 500'
'set t 1'
'set mpdraw on'（画地图背景，如为 off 则不画）
'set poli on'（画国界省界线等，如为 off 则不画）
'set map auto'（系统自定地图背景的颜色、线型和粗细）
'set mproj nps'（选择北半球极射投影）
'set mpvals -120 -10 10 80'（极射投影的经纬度范围）
'set mpdset mres'（取中分辨率的地图数据库）
'set frame circle'（选择在极射投影最外围纬度上画圆框）
'set gxout stream'（设置出图类型为"stream"型）
'set strmden 1'（设置流线密度，1（疏）-10（密））
'd u;v'（显示风场）
'printim c:\result\stream. png white'
;
```

本例所得图形文件"stream. png"的最终效果如图 4.5 所示。

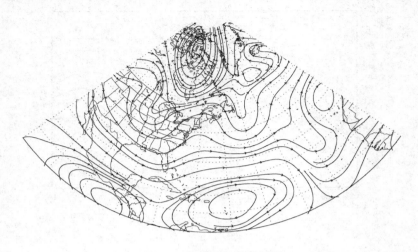

图 4.5　北半球极射投影图

　　通过上述例题的介绍,进一步深化了对各类参数设置的理解和应用,希望用户在学习的过程中能细心体会、切实掌握、举一反三。

课后练习

· 了解"set"命令的主要功能。掌握"∗.gs"文件的编辑与使用方法。

· 利用数据文件 model.le.dat 和数据描述文件 model.le.ctl,参考 4.10 节的示例,通过编写 gs 文件完成绘图。

第5章 基础绘图命令

除了设置图形类型与要素进行绘图外,GrADS 软件还提供了一系列基础绘图指令来控制和实现一些简单的绘图功能,可以直接进行所指定图形元素的操作,比如绘制线条、符号、字符串等。

5.1 基础绘图命令

以下介绍部分常用基础绘图命令的功能及属性设置。

1. draw string x y string

在坐标点(x,y)位置上写字符串 string,x 和 y 是虚页上的英寸坐标。这时可以使用"set string"和"set strsiz"命令来设置字符串的性质。

(1)set string color <justification <thickness <rotation>>>

设置字符串 string 的性质。其中,color 设置字符串的颜色,色号与前面描述的相同;justification 设置字符串的位置,以"draw string"命令中坐标点(x,y)为基准,参数 c,r,l,tc,tr,tl,bc,br,bl 分别描述了字符串所在位置与基准点的相对关系,如图5.1 所示;thickness 设置字符串的粗细,rotation 设置字符串旋转的角度(0~360°),旋转是以 justification 定义的点为中心,逆时针旋转。

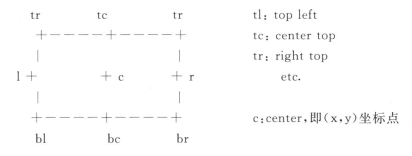

图 5.1　字符串位置设置示意图

(2)set strsiz hsiz <vsiz>

这个命令用于设置字符串中字符的大小,hsiz 是字符的宽度,vsiz 是字符的高度,单位是虚页英寸。如果 vsiz 没有定义,则自动取 hsiz 的值为 vsiz。

（3）特殊字符串设置

使用"draw string"命令在图形中绘制特殊字符串（如：T^2、T_a、27.5℃等）时，需要作特别设置，有时还要使用特殊字符库，即 pcGrADS 目录中"dat"文件夹中的 font3 字符库。GrADS 软件向用户提供了 6 种字符库（即 font0－5），每种字符库表示不同字体或符号，其中 font0 为细 helvetica 字体；font1 为细 Roman 字体；font3 为特殊字符（见图 5.2）；font4 为粗 helvetica 字体；font5 为粗 Roman 字体。

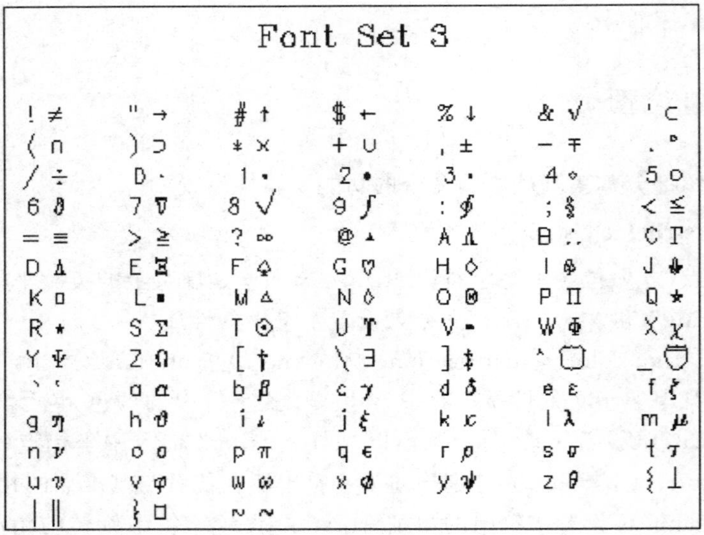

图 5.2　Font3 特殊字符库

用户在绘图中需要更换字体时，可根据上述介绍进行如下操作，例如：

set font 4

draw string 2.5 3.5 string

上面设置表示采用 4 号字符库的字体绘制字符串"string"。

绘制特殊字符串时，可参考下列常用方法：

draw string X Y 27.5`3.`1C

表示写字符串"27.5℃"，其中，"3"表示选用 font3 字符库，"."在字符库 font3 表示"°"，"1"表示选用 font1 字符库，"C"为 font1 字体的字母 C；

draw string X Y T`a2`n

表示写字符串"T^2"，其中"`a2`n"表示上标为 2；

draw string X Y T`ba`n

表示写字符串"T_a"，其中"`ba`n"表示下标为 a。

2. draw line x1 y1 x2 y2

从坐标点(x1,y1)到(x2,y2)画一条直线,坐标单位:英寸。可以使用"set line"命令来设置线条的性质。

形式为:set line color ＜style＞ ＜thickness＞

用于设置线条性质。color 设置线条的颜色,色号与前面描述的相同(0～15 号颜色由系统定义,16 号以后可以自定义);styles 设置线条样式,取值范围:1～7,同前;thickness 设置线条粗细,取值范围:1～6,当打印输出时,1～5 得到同样粗线条,6可以得到加粗的线条。

3. draw rec xlo ylo xhi yhi

以(xlo, ylo)、(xhi, ylo)、(xhi, yhi)和(xlo, yhi)四点为顶点(坐标单位:英寸),画一个不填色的长方形。长方形的性质使用当前的直线性质,通过"set line"命令设置。

4. draw recf xlo ylo xhi yhi

以(xlo, ylo)、(xhi, ylo)、(xhi, yhi)和(xlo, yhi)四点为顶点(坐标单位:英寸),画一个填色的长方形。所填的颜色由设置的线条颜色确定。

5. draw mark marktype x y size

在坐标点(x,y)上画一个类型为 marktype,大小为 size 的符号,marktype 取值为:

1—十字线

2—空心圆圈

3—实心色圆圈

4—空心长方形

5—实心长方形

6—叉号

7—空心菱形

8—空心三角形

9—实心三角形

10—空心圆圈加垂线条

11—实心圆圈加垂线条

6. draw title sting

在图形顶部写字符串作为标题,该命令应在"display"命令之后使用(详见 4.5 节说明)。

7. draw wxsym symbol x y size ＜color＜thickness＞＞

在坐标位置(x,y)上画出指定的天气符号,其中:

- symbol — 指定的天气符号,代码对应表见图 5.3。
- x — x 坐标(单位:英寸)
- y — y 坐标(单位:英寸)
- size — 天气符号的大小(单位:英寸)
- color — 天气符号的颜色,−1 为标准色(红色代表热带风暴,蓝色代表降雪等等)
- thickness — 天气符号的线宽

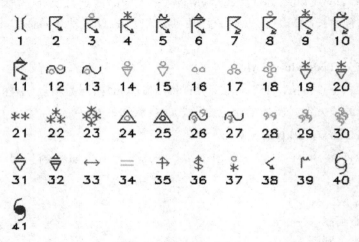

图 5.3　天气符号对应表

5.2　设置剪裁区

用户可以设置一块剪裁区(clipping area)用于绘制一些基础图形,设置剪裁区后,上述基础画图功能只能在剪裁区内进行。设置命令如下:

set clip xlo xhi ylo yhi

其中,xlo,xhi,ylo,yhi 是剪裁区在实页中的英寸坐标。

> 注意:
>
> 执行"display"命令时,系统将剪裁区放到设定的 parea 区绘图,命令执行后,剪裁区放到全页。

5.3　实例应用

本例中,"draw. gs"文件为基础绘图命令的应用文件,请用户注意文件中的命令说明,结合出图效果(图 5.4)体会命令使用功能。

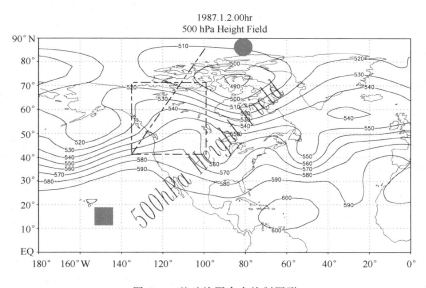

图 5.4　基础绘图命令绘制图形

文件编写如下:

'open c:\pcgrads\model\model. le. ctl'

'set grads off'

'set lat 0 90'

'set lon −180 0'

'set lev 500'

'set t 1'

'd z/9.8'

'set font 2'　（选择字型库(0−5)）

'set string 1 c 2 45'　（设置字符串的颜色、位置、粗细、旋转角度）

'set strsiz 0. 3 0. 6'　（设置字符串的水平大小,和高度大小）

'draw string 5 4 500hPa Height Field'　（在(8,3)位置写字符串）

'draw title 1987. 1. 2. 00hr\500hPa Height Field'　（在图形顶部写字符串作为

标题，"\"起分行作用）

　　'set line 3 4 6'（设置线的颜色、线型、粗细）

　　'draw line 3 4 5 7'　（从（3、4）到（5、7）画线）

　　'draw rec 3 4 5 6'　（以（3、4）、（5、6）为顶点画矩形（颜色都以线的设置颜色为准））

　　'draw recf 2 2 2.5 2.5'　（以（2、2）、（2.5、2.5）为顶点画填色矩形）

　　'draw mark 3 6 7 0.5'　（在（6、7）作大小为 0.5 的实心圆（标记号 3））

　　;

课后练习

　　• 了解"draw"命令的主要功能。

　　• 利用数据文件 model. le. dat 和数据描述文件 model. le. ctl，参考 5.3 节的示例，通过编写 gs 文件完成绘图。

第 6 章　GrADS 中的变量和函数

在 GrADS 运行环境中可以同时打开多个数据描述文件,这些文件中描述的变量均可作为后续操作的数据对象。不同文件中的变量如果同名,使用时应给出变量名的完整定义格式加以区分。参与操作的数据对象可以是变量、函数或者表达式形式。本章即对它们的使用情况一一介绍。

6.1　变量名

在前面的介绍中使用变量时,一般只简单地给出了变量名,但是如果同时打开多个数据描述文件,不同文件中有同名的变量应如何区分呢? 下面看一下变量名的完整定义格式。

1. 完全的变量名形式

varname. filenum(dimexpr,dimexpr,⋯)

其中,varname:是数据描述文件中给出的变量名缩写;filenum:为包含此变量的已打开的文件序号,GrADS 系统可以同时打开多个数据描述文件,并自动为每个打开的文件编一个序列号(从 1 开始)。

例如:

ga→open model. ctl

　　open model. le. ctl

上例中,model. ctl 文件的序列号为 1,model. le. ctl 文件的序列号为 2。序列号 1 为缺省情况,可以省略。用"set dfile"命令可定义当前的缺省文件。

此外,定义形式中括号内的 dimexpr:是对当前维数环境进行的局域维数设置的表达式,仅对该变量的维数环境进行局域修正。设置形式可以采用以下两种方式:

绝对维数表达式为:

X|Y|Z|T|LON|LAT|LEV|TIME = value　　(value 为绝对维数值);

相对维数表达式为:

X|Y|Z|T|LON|LAT|LEV|TIME +/− offset (offset 为相对于当前维数环境设置的偏差维数值)。

例如:

　z. 3(lev=500)　　(表示 3 号文件中高度为 500 hPa 等压面上的变量 Z)

tv. 1(time－12hr)　（相对于当前时刻之前 12 小时时刻的 1 号文件中的变量 tv）

rh（缺省的当前文件中的变量 rh）

q. 2(t－1, lev＝850)　（2 号文件中相对于当前时刻的前一时刻,高度为 850 hPa 等压面上的变量 q）

> 注意:
>
> 　　由局域维数设置的表达式形式可见,局域维数修正仅对固定的维有效。在对变量进行局域维数修正时,可以同时对多维进行设置。

2. 举例说明

现有两个二进制数据文件为 model. dat 和 model. le. dat,其数据描述文件分别为 model. ctl 和 model. le. ctl,其中两数据文件中的数据完全一样,数据描述文件中的内容也相同,只是文件名称不同。下面以此为例,说明一下变量名的完整定义格式的使用情况。

ga→open model. ctl

open model. le. ctl　（同时打开两个文件,model. ctl 文件的序列号为 1,model. le. ctl 文件的序列号为 2）

set t 1　（将时间维数固定在第 1 个时次）

d z. 2(lev＝500)　（显示 2 号文件中 500 hPa 等压面上的变量 z(绝对维数设置)）

set z 3　（设置垂直高度层次为第 3 个层次,即 700 hPa）

d z(z＋1)　（显示 1 号文件中相对于第 3 个层次的后一个层次,即 500 hPa 等压面上的变量 z(相对维数设置)）

6.2　函数

函数的调用方式为通过函数名直接引用,函数的参数放在括号中用逗号分开。函数可以嵌套调用,有些函数在运算时会改变维数环境。

1. 调用方式

采用直接引用方式,形式如:函数名（参数 1,参数 2,…）

2. 常用函数

下面介绍 GrADS 命令系统中提供的一些常用函数。

（1）ave 函数

• 格式:ave(expr,dim1,dim2＜,tincr＜,－b＞＞)

- 功能:求平均函数。
- 说明:

expr：表达式

dim1：起始维数表达式

dim2：终止维数表达式

tincr：对时间维求平均时,设定时间增量

—b：对每个网格点取同样的权重求平均,包括终端点。例如求纬向平均,则 ave(expr,lon＝0,lon＝360)在端点求了两次平均,如若使终端点取半数权重,可用 ave(expr,lon＝0,lon＝360,—b)。

> 注意:
>
> 　在 dim1 和 dim2 定义的维数范围内,格点分辨率由当前缺省文件中的数据分辨率决定。如果 dim1 和 dim2 以经纬度地球坐标定义时,实际计算平均值时将选取对应的格点坐标中最近的整形格点开始计算。缺测值不参与求平均运算。

例如:

ga→open model. ctl

　　set lev 500

　　d ave(z,t＝1,t＝5)（显示 500 hPa 等压面上从第 1 时次到第 5 时次变量 z的平均量）

（2）aave 函数

- 格式:aave(expr,xdim1,xdim2,ydim1,ydim2)
- 功能:求面积平均。
- 说明:

expr：任何表达式

xdim1：X 维数方向的起始维数表达式

xdim2：X 维数方向的终止维数表达式

ydim1：Y 维数方向的起始维数表达式

ydim2：Y 维数方向的终止维数表达式

当计算全球面积平均时,即 aave(expr,lon＝0,lon＝360,lat＝—90,lat＝90),可以采用下面的简略表达形式:

aave(expr,global)或者 aave(expr,g)

当无缺测资料时,aave 与嵌套两次的 ave 结果完全相同,如:

ave(ave(expr,x＝1,x＝72),y＝1,y＝46)的结果等于 aave(expr,x＝1,x＝72,y

＝1，y＝46)的结果，但 aave 函数的运算效率更高。当有缺测资料时，aave 与嵌套两次的 ave 结果会不一样。aave 函数采用地球坐标进行运算，运算时考虑了不同纬度的权重。

（3）vint 函数

• 格式：vint(expr,psexpr,top)

• 功能：质量加权垂直积分函数，计算 $\int_{psexpr}^{top} expr(x,y,p)\mathrm{d}p$ 。

• 说明：expr 表示被积变量，$psexpr$ 表示地面气压变量(单位：hPa)，top 表示积分上限，必须为常数(单位：hPa)。积分函数值为被积量从 $psexpr$ 至 top 间各垂直层(对应于当前缺省文件中的垂直层次说明)的累积和。

> 注意：
> 　　使用"vint"函数时，要求 X 维与 Y 维必须是变化的维数环境设置。

例如：

ga→open model. ctl

　　set lat 0 90

　　set lon －180 0

　　set t 2

　　d vint(u,ps,100)（显示第 2 时次变量 u 从地面气压 ps 到 100 hPa 进行质量加权垂直积分的值）

（4）mag 函数

• 格式：mag(uexpr,vexpr)

• 功能：计算表达式 $\sqrt{(uexpr)^2+(vexpr)^2}$ 的值

• 说明：uexpr 表示变量 u，vexpr 表示变量 v，该函数可以利用风场变量 u 和 v 求风速值，对格点和台站资料均适合。

（5）hcurl 函数

• 格式：hcurl(uexpr,vexpr)

• 功能：计算垂直涡度。

• 说明：uexpr 表示 U 风速分量，vexpr 表示 V 风速分量，风速单位：m/s。边界上的涡度值设定为缺测。如：d hcurl(u,v)

（6）hdivg 函数

• 格式：hdivg(uexpr,vexpr)

- 功能:计算水平散度。
- 说明:uexpr 表示 U 风速分量,vexpr 表示 V 风速分量,风速单位:m/s。使用该函数时,要注意由于函数使用有限差分形式计算水平散度,所以数值稳定性不高。

（7）skip 函数
- 格式:skip(expr,skipx,skipy)
- 功能:设定样本的取样密度。
- 说明:skipx,skipy 分别表示 X 和 Y 方向的取样密度（取值 1 可以省略不给）。该函数主要用于矢量场的稀疏化处理,例如以矢量箭头"vector"方式或风向标"barb"方式显示风场时,可以采用该函数对所绘箭头或风向标的密度进行设置。

例如:

ga→open model. le. ctl

  set lon −180 0

  set lat 0 90

  set lev 500

  set gxout vector

  d skip(u,2,2);v（表示 u,v 在 x,y 方向上每隔一个网格点取一次值）

（8）const 函数
- 格式:const(expr,constant<,flag>)
- 功能:设置部分网格点的值取为常数 constant。
- 说明:当没有 flag 选项时,该函数表示将所有非缺测格点处的 expr 值取为常数;当 flag 为选项时,如果加上选项−a,则所有网格点值均设定为指定的常数,如果加上选项−u,则只把缺测格点处的 expr 值设定为常数。该函数对格点和台站资料均适用。

例如:

display const(p,0,−u)（将变量 p 在缺测格点处的值设为常数 0）

ga→open model. ctl

  set lon −180 0

  set lat 40

  set lev 500

  set t 1

  set gxout linefill

  d const(z,5450);z（两条曲线中,一条为变量 z 的数据线,一条为直线,数值为 5450）

(9)maskout 函数

• 格式:maskout(expr,mask)

• 功能:缺测设置。

• 说明:当 mask 为负值时,表达式 expr 的值将被设置为缺测数值,不参与随后的运算与图形显示;当 mask 为正值时,表达式 expr 的值不变。

例如:当 1 号文件中有格点降水资料,变量设置为 p,2 号文件中有海陆下垫面数据(所有陆地下垫面数值为 1,海洋下垫面为 −1),变量设置为 mask 时,可以通过 maskout 函数只统计陆地上的降水量。

d aave(maskout(P,mask.2),lon=0,lon=360,lat=0,lat=90)

(10)cdiff 函数

• 格式:cdiff(expr,dim)

• 功能:中央差分函数

• 说明:expr 表示进行差分运算的量,dim 表示进行差分运算的维数方向,为 X,Y,Z 或者 T 中的任一个字符。边界格点的运算值设为缺测。例如,以下运算是计算水平涡度,其效果与 hcurl 函数完全一样:

define dv=cdiff(v,x)

define dx=cdiff(lon,x) * 3.1416/180

define du=cdiff(u * cos(lat * 3.1416/180),y)

define dy=cdiff(lat,y) * 3.1416/180

display (dv/dx − du/dy)/(6.37E6 * cos(lat * 3.1416/180))

> 注意:
>
> 上例中应假设 X 维和 Y 维是变化的维,其中 lon 与 lat 是 GrADS 中的内部变量,单位是度,计算时须转换为弧度值。地球半径值设定为 6.37E6 米,风速分量 u 与 v 的单位都是 m/s。

以下运算是计算温度平流:

define dtx=cdiff(t,x)

define dty=cdiff(t,y)

define dx=cdiff(lon,x) * 3.1416/180

define dy=cdiff(lat,y) * 3.1416/180

display −1 * ((u * dtx)/(cos(lat * 3.1416/180) * dx)+v * dty/dy)/6.37E6

(11)smth9 函数

• 格式:smth9(expr)

• 功能:9 点平滑函数。

• 说明:expr 表示需要平滑的表达式。该函数主要用于改善图形的输出质量,使其更加美观。当格点资料为 1 维数据时,9 点平滑退化为 3 点平滑。

(12)tloop 函数

• 格式:tloop(expr)

• 功能:计算表达式 expr 的时间序列值。

• 说明:当时间维变化时,可以利用 tloop 函数计算出表达式 expr 在变化时间段内各时次的值,时间间隔以当前缺省文件中的时间分辨率为主。

例如:

```
ga→open model. ctl
    set lon －120
    set lat 40
    set lev 500
    set t 1 5
    d tloop(aave(z,lon＝－120,lon＝60,lat＝20,lat＝40))      (显示变量 z 的
区域平均值的时间序列图)
```

> 注意:
>
> 　　使用 tloop 函数计算区域平均的时间序列值时,要求除时间维外,其他三维是固定的。同时应注意到,如果仅使用命令"d aave(z,lon＝－120,lon＝60,lat＝20,lat＝40)"时,GrADS 只依次计算出第 1 时刻至第 5 时刻间每个时刻的区域平均值,但是无法给出时间序列图,只有配合 tloop 函数一起使用时,才显示区域平均值的时间序列图。

(13)abs 函数

• 格式:abs(expr)

• 功能:计算绝对值函数。

• 说明:利用 abs 函数可以计算表达式 expr 的绝对值。其中,缺测值不参与运算。该函数对格点和站点资料均适用。

(14)sqrt 函数

• 格式:sqrt(expr)

• 功能:计算平方根函数。

• 说明:利用 sqrt 函数可以计算表达式 expr 的平方根。如果 expr 小于等于 0 时,计算结果设为缺测值。该函数对格点和站点资料均适用。

(15)pow 函数

• 格式:pow(expr1,expr2)

• 功能:计算幂函数。

• 说明:expr1,expr2 分别表示表达式的值,利用 pow 函数可以计算 expr1 的 expr2 幂次方值。该函数对格点和站点资料均适用。

例如:sqrt(pow(u,2)+pow(v,2)) 等价于 mag(u,v)

(16)log 函数

• 格式:log(expr)

• 功能:计算自然对数的函数。

• 说明:利用 log 函数可以计算表达式 expr 的自然对数值。如果 expr 小于等于 0 时,计算结果设为缺测值。该函数对格点和站点资料均适用。

(17)log10 函数

• 格式:log10(expr)

• 功能:计算以 10 为底的对数函数。

• 说明:利用 log10 函数可以计算表达式 expr 以 10 为底的对数值。如果 expr 小于等于 0 时,计算结果设为缺测值。该函数对格点和站点资料均适用。

(18)exp 函数

• 格式:exp(expr)

• 功能:计算以 e 为底的指数函数。

• 说明:利用 exp 函数可以计算表达式 expr 以 e 为底的指数值,即 e 的 expr 次方。该函数对格点和站点资料均适用。

(19)sin 函数

• 格式:sin(expr)

• 功能:正弦函数。

• 说明:利用 sin 函数可以计算表达式 expr 的正弦值,其中,expr 的单位是弧度。该函数对格点和站点资料均适用。同类型函数还有余弦函数 cos 和正切函数 tan,使用方法与此一致。

(20)asin 函数

• 格式:asin(expr)

• 功能:反正弦函数。

• 说明:利用 asin 函数可以计算表达式 expr 的反正弦值,计算结果的单位是弧度。其中,expr 的值超出-1 至 1 区间时,计算值设为缺测。该函数对格点和站点资料均适用。同类型函数还有反余弦函数 acos,使用方法与此一致。

(21)tvrh2q 函数

• 格式:tvrh2q(tvexpr,rhexpr)

• 功能:由虚温 tvexpr 和相对湿度 rhexpr 计算比湿。

• 说明:tvexpr 的单位为 K,rhexpr 的单位为百分比(取值范围 0～100),运算结果的单位为 g/g。该函数仅适用于格点资料。

(22)tvrh2t 函数

• 格式:tvrh2t(tvexpr,rhexpr)

• 功能:由虚温 tvexpr 和相对湿度 rhexpr 计算温度。

• 说明:tvexpr 的单位为 K,rhexpr 的单位为百分比(取值范围 0～100),运算结果的单位为 K。该函数仅适用于格点资料。

6.3　表达式

GrADS 中的表达式与通常高级语言(例如 Fortran)一样也是由运算符(operator)、运算域(operand)和括号(parenthese)组成的一个有值的式子,可以配合系统提供的命令进行使用。

1. 表达式的构成

• 运算符:＋(加),－(减),＊(乘),/(除);

• 运算域:变量,函数和常数;

• 括号:用于控制运算的次序。

2. 运算规则

表达式的运算除了要满足一般运算规则外,还要满足下面的使用规则。

(1) 对相同网格点上的不同变量进行运算时,只要有一个变量在某格点的值为缺测,则该网格点的运算结果为缺测值;当被 0 除时的结果也设为缺测。

(2) 对多个数据文件的数据做运算时,两种数据网格要一致,即运算对象的维数变化范围要一致。

(3) 如某一格点的变动维数多于其他格点,则具有较少变动维数的格点其维数环境将被拓展,以便于运算操作。

例如:

z － z(t−1)　(表示变量 Z 的时间变化)

t(lev＝500)−t(lev＝850)　(表示 500～850 hPa 等压面上的变量 t 的变化)

ave(z,t＝1,t＝5)　(表示变量 Z 从第 1 时次到第 5 时次的平均)

z － ave(z,lon＝0,lon＝360,−b)　(表示变量 Z 的纬向偏差)

ga→open model. ctl

　　open model. le. ctl　(同时打开两个文件)

　　set t 1

　　d z.2(lev＝500)－z.1(lev＝700)（显示两高度之间的厚度(绝对维数表示)）

　　c

　　set z 3

　　d z.1(z＋1)－z.2　　（显示两高度之间的厚度(相对维数表示)）

6.4　定义新变量

在交互操作中,GrADS 系统允许定义一些新的临时变量以供以后的操作使用。

1. 定义形式

define varname ＝ expr

其中,varname 为新变量名,expr 为表达式。所定义的新变量可以用于随后的表达式中。

2. 存储形式

新定义的变量 varname 只存在于内存中,所以建议不要定义过大的维数范围。

例如:

下面定义了一个四维变量 temp:

set lon －180 0

set lat 0 90

set lev 1000 100

set t 1 5

define temp＝z

定义后可改变其维数环境

set t 5

set lev 500

d temp　　（此时显示的变量 temp,其时间和层次维是固定的）

3. 维数环境的设置

(1)用户定义的变量可以有 0～4 个变化的维数。当 4 个维数同时变化时,"define"命令是 GrADS 中所有命令中唯一可行的命令。假设定义一个 4 维的变量,在"define"命令执行后,可以改变维数环境设置,使之变化的维数小于 4 维。上例中,在"display"命令后将显示一个 2 维的,固定在第 5 个时次和 500 hPa 层次上的所定义变量 temp 的图形。

(2)如果定义的变量具有某些固定的维数,随后使用这个变量,无论维数环境如何改变,此变量在固定维数上保持不变。

例如：

set lon −180 0

set lat 0 90

set lev 500

set t 3

define zave ＝ ave(z,t＝1,t＝5)

上例所定义的变量 zave 有两个变化的维数（经度 X 和纬度 Y），两个固定维数（时间 T 和层次 Z），如果显示这个变量（或在后面的表达式中使用），则在任何的 Z 和 T 的设置下，它都可以被使用。如：

set t 1

set lev 200

d zave

在上面的"display"命令中，变量 zave 将和它定义时的值一样被显示出来，即：即使此时维数固定在 200 hPa，图形仍然显示定义该变量时的 500 hPa 上的时间平均值。

（3）当定义的变量具有某些变化的维数环境，然后再将这些维数固定起来，这时所得的变量将被固定在该维数上。

例如：

set lon −180 0

set lat −90 90

set lev 500

set t 5

define temp ＝ z

set lat 40

d temp

上例中，定义的变量 temp 具有两个变化的维数（X 维和 Y 维），随后又固定了 Y 维为 40°N，此时变量 temp 的 Y 维固定，所以"display"命令将显示一个一维图形。如继续给出下列命令：

set lat −40

d temp

此时，定义变量 temp 在 40°S 上的资料将被显示，当 40°S 超过了原来最初变量定义的维数环境（set lat −90 90）时，资料值将显示为缺测。

（4）用户也可以使用局地维数环境。如果局地环境是在定义变量时变化的维数环境内，则显示局地维数环境下的变量值。如果这个维数在定义变量时是固定的，则局地维数环境将失效。

例如：

d temp(lat＝50)

以上显示命令中，变量 temp 在定义时 Y 维数是变化的，因此 lat＝50 的局地维数环境的设置有效，图形将显示变量 temp 在 50°N 上的资料。又如：

d temp(t＝4)

以上显示命令中，变量 temp 在定义时 T 维数是固定的，因此 t＝4 的局地维数环境将失效。

（5）用户须注意，目前的"define"命令仅仅适用于格点资料。

4. 举例说明

以下为"linefill. gs"文件，其内容如下：

'open c:\pcgrads\model\model. le. ctl'

'set grads off'

'set lon −180 0'

'set lat 30'

'set lev 500'

'set t 1'

'define zv＝ave(z/9.8,lat＝20,lat＝40)'　　（定义 zv 代表 20°～40°N 纬带间的平均位势高度）

'set gxout linefill'　　（设置出图类型为 linefill 型）

'set lfcols 4 7'　　（设置填充颜色）

'd z/9.8;zv'　　（在两条曲线间填色，当 z/9.8＜zv 时用 4 号颜色填充，当 z/9.8＞zv 时用 7 号颜色填充）

;

绘图效果如图 6.1 所示。

课后练习

· 了解 GrADS 命令语言中的常用函数，全名变量及变量定义方法。

· 利用数据文件 model. le. dat 和数据描述文件 model. le. ctl，参考 6.4 节的示例，通过编写 gs 文件完成绘图。

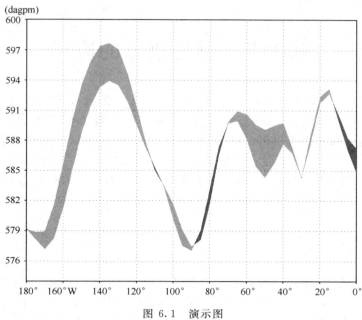

图 6.1　演示图

第7章 描述语言的应用

除了命令本身,GrADS 系统还提供了功能强大的批处理操作和界面设计语言——描述语言(script language)。该语言是一种解释型高级语言,解释器就是 GrADS 本身。描述语言提供了变量、绘图流程控制、输入输出等高级语言功能,由该程序语言可以编写具有复杂功能的 gs 命令集(即" * . gs"文件),由"run"命令来编译执行。通过设计程序可提供编写函数子程序,制作屏幕菜单,显示图形动画等功能。

7.1 描述语言概述

描述语言是 GrADS 系统自带的高级语言,由 ASCII 码文本形式书写,可以用于 GrADS 的高级操作,更方便地使用 GrADS 的功能。描述语言的所有变量都是字符串型的,当变量形式为数值时,可以进行计算。描述语言通过 if/else/endif 和 while/endwhile 语句块实现绘图流程控制,在循环过程中可以使用 continue 或 break 命令改变执行顺序。变量中包含的或者由表达式结果产生的字符串可以在 GrADS 命令项中使用,而由 GrADS 命令执行后产生的文字结果也可以读入描述语言的变量,并在程序中使用。描述语言也支持函数功能。关于描述语言的上述功能,读者在后面的学习过程中注意体会,灵活运用。

> 注意:
>   在 . gs 文件中,描述语言的编辑不需要使用单引号,而当描述语言用到命令语句中时要用单引号,或者写到引号外。
>   例如:i=1(描述语言的赋值语句);'set t 'i'' 或者'set t 'i(描述语言部分在命令中使用)

7.2 描述语言的构成

描述语言的程序由记录组成,每个记录由分号或行结束符来分辨,即记录可以分行罗列,也可用分号相连写在一行上。以下简介描述语言的基本构成元素。

1. 变量

描述语言中的变量名由 1 到 8 个字符组成,第一个字符是字母,后面可用字母或数字,变量名区分大小写。

变量的内容总是一个字符串,如果一个变量没有被赋值,那么它的值就是它的名字。但是在有些运算中,如果一个变量或字符串常数是一个具有正确格式的数字,则其将被解释为数字,可以进行某些数学运算,所得结果也是一个数字字符串。

在描述语言程序中可以像其他高级语言一样构造数组,方法是利用复合描述变量来实现。所谓复合描述变量,其变量名是一个由"·"分隔的多个变量名的复合体。例如:

varname. i. j

这时,当变量内容被调用时,如果 i 和 j 也是变量,那么 i 和 j 的内容将会被 i 和 j 的字符串值所替代。例如:

i = 6

j = 6

varname. i. j = 123

在这个例子中,赋值语句相当于:

varname. 6. 6 = 123

需要注意的是,i 和 j 的字符串值可以是任意字符,但 varname 必须遵循描述变量名的命名规则,即:由字母和数字组成,必须字母开头。例如:

i = ′a＃％xy′

varname. i = 123

以上表达形式是允许的,但不能直接将变量名写为:

varname. a＃％xy = 123

在 i,j 变量被替代后,复合变量名的整个长度不能超过 16 个字符。在 GrADS 描述语言中不能设置过多的变量,即不能利用复合变量产生一个较大的数组,例如:

i = 1

while (i＜=10000)

var. i = i

i＝i＋1

endwhile

上面的循环将产生 10000 个不同的变量名。如果设置了以上这样较大数目的变量,将影响描述语言的执行。

注意:

　　在 GrADS 描述语言中,有两个变量名由其内部使用:"result"和
"rc",故应当避免使用这两个变量名。"result"被赋值为上一条
GrADS 命令执行后的输出信息,是一个字符串;"rc"被赋值为上一条
GrADS 命令执行后的返回码,是一个整型数值。

2. 运算符

在 GrADS 描述语言中可以使用下列运算符:

	逻辑变量:或
&	逻辑变量:和
!	一元否
—	一元负
%	连结符
=	等于
! =	不等于
>	大于
>=	大于等于
<	小于
<=	小于等于
+	加
—	减
*	乘
/	除

其中,算术运算以浮点进行,如果计算结果是整型,则所得字符串为整型。在逻辑运算中,如果结果为真(true),则给出一个字符"1",如果为假(false),则给出一个字符"0"。

3. 表达式

描述语言的表达式包含运算对象、运算符和括号,在运算过程中各种运算符的优先顺序自上而下依次如下:

—, !

/, *

+, —

%

$=,!=,>,>=,<,<=$

&

|

同优先级的运算顺序：从左到右。

运算对象可以是变量、字符串常数、函数。字符串常数用单或双引号括起来，数字常数不用引号，但认为是字符串常数。例如"This is a string"即是一个字符串常数。

此外，可以使用连接符%或者单引号′′将两个或两个以上的字符串连接，例如：

col1＝′1 2 3 4 5′

col2＝′6 7 8 9 10′

colrainbow＝col1%col2 或者 colrainbow＝col1′′col2

′set ccols′colrainbow 等价于 ′set ccols 1 2 3 4 5 6 7 8 9 10′

4. 函数

描述语言支持函数功能。所用函数包括两种，一种是用户自定义的只在本描述程序中有效的函数，另一种为 GrADS 提供的内置函数。现不支持跨程序函数调用，但其他文件可用"run"命令执行。

函数可以有一个或多个字符串自变量，通常作为描述语言的表达式运算对象，被调用后得到一个单一的字符串结果。函数调用格式为：

name（arg1，arg2，arg3，……，argn）

如果函数没有参数，仍必须写出一对空括号，例如：name（）。

在描述语言程序中自定义函数时，命名规则遵循变量名的命名方法，对有参函数，参数可以是表达式。通过函数子程序的定义语句在描述语言程序中可以构造自定义函数，函数定义方法：

function name（var1，var2，……）

从定义函数体返回调用处，可使用 return 语句：

return 表达式

其中，return 语句中的表达式可以省略，如果省略表达式，就返还一个空字符串（空字符串是'）。函数的结果是 return 语句中表达式的结果。

当一个函数被调用时，首先计算实参（函数被调用时的参数）的数值，然后执行函数子程序，将实参的数值传输给函数定义中形参变量（函数被定义时的参数）作为其初始值。如果实参个数少于形参，则其余的形参初始没有值；如果实参个数多于形参，则多余的实参被舍弃。函数中的变量一般是局部变量，其值不带出函数，只有用全局变量（下划线"_"打头的变量）可将其值带出函数之外供全局使用。

当一个描述语言程序首次被调用时（通过"run"命令），执行从这个文件的开头开始。用作函数定义的语句可以放在程序体的任意部位,如果想要放在开头位置,则必须先定义一个变量名,这个变量将被任何"run"命令选项初始赋值,如果没有"run"命令选项,这个变量将初始化为空字符串。

5. 语句

语句是构成描述语言程序的记录。一般一行写一条语句,如果多条语句写在一行时,中间要用";"分开。下列为 GrADS 中的常用语句:

(1)赋值语句

赋值语句的格式为:variable=expression

表达式 expression 被计算后,将其结果赋给变量 variable。

(2)if 语句

程序执行流程可以通过 if/else/endif 语句进行控制,形式为:

if(表达式)

　　命令

　　…

　　…

else　　　　　　(可不用)

　　命令

　　…

　　…

endif　　　(必须使用)

if 语句块的执行依赖于括号中表达式的结果,如果表达式的结果是一个 0 字符(结果为假),则"else"部分被执行,如果表达式的结果是不为 0 的其他字符,则执行"if"部分。在 GrADS 中,没有"else if"语句。

书写时应注意,下面语句表达是错误的:

if(i=10)j=20

使用 if 语句块时必须严格按照定义形式来书写,上句必须写成三个语句:

if(i=10)

j = 20

endif

也可以在同一行上写这三条语句,中间用分号隔开,如:

if(i=10);j=20;endif;

(3)while 语句

while 语句块的格式为:

while(表达式)

　　命令

　　…

　　…

endwhile

当表达式结果为真(即一个不为 0 的字符)时循环体将被执行,否则终止循环。

例如:

t = 1

while (t<10)

′set t ′t

′display z′

t = t + 1

endwhile

另外,有两个描述语言命令可以改变循环的执行,break 可立即终止循环,跳出循环体;continue 立即回到循环体的开头,并重新计算表达式的结果

(4) 人机对话语句

"say"语句的格式为:

say 表达式

表示将表达式的结果写到终端屏幕上。

例如:

express=′This is a string. ′

say express

则在屏幕上显示字符串"This is a string. "。

"prompt"语句的格式为:

prompt 表达式

通常表达式为一字符串,提示用户从终端屏幕上进行输入。

"pull"语句的格式为:

pull 变量名

当程序运行到 pull 语句时,执行暂停,等待用户从键盘输入字符串(直到回车为止),输入的内容将赋值给所指定的变量。

例如:

′open c:\pcgrads\model\model. le. ctl′

′set grads off′

′set lat 30′

′set lev 500′

′set t 2′
prompt ′Enter lon1：′　　（在屏幕上显示"Enter lon1：",提示用户输入信息）
pull lon1　　（通过键盘输入经度信息回车后,输入信息赋值给变量 lon1）
prompt ′Enter lon2：′　（在屏幕上显示"Enter lon2：",提示用户输入信息）
pull lon2　　（通过键盘输入经度信息回车后,输入信息赋值给变量 lon2）
say lon1　　（在屏幕上显示变量 lon1 的值）
say lon2　　（在屏幕上显示变量 lon2 的值）
′set lon ′lon1′ ′lon2′′　　　（通过变量 lon1 和变量 lon2 设置经度变化）
′d z′

7.3　内部函数

以下介绍几个目前在描述语言中较常用的内部函数：

1. substr 函数

"substr"函数的调用形式为：

substr（string，start，length）

该函数的功能是在字符串"string"中从位置"start"开始截取长度为"length"的子字符串。如果字符串"string"太短,结果字符串就短于"length"或得到一个空字符串。注意,这里"start"和"length"必须是整的字符数目。例如：

x＝substr(how are you,4,7)

′draw string 5.0 5.0 ′x′′

结果在页面指定位置处就会显示所截取的字符串"are you"。

2. subwrd 函数

"subwrd"函数的调用形式为：

subwrd（string，word）

该函数的功能是从字符串"string"中截取第"word"个单词（词与词之间由空格分隔）,如果字符串"string"太短,则结果得到一个空字符串。注意,这里"word"必须是整数。例如：

x＝subwrd(how are you,3)

结果是将字符串"how are you"中的第 3 个单词"you"作为新的字符串赋值给变量 x。

3. sublin 函数

"sublin"函数的调用形式为：

sublin（string，line）

该函数的功能是从字符串"string"中截取第"line"行的字符串，如果字符串"string"行数太少，则结果得到一个空字符串。注意，这里"line"必须是整数。

4. read 函数

"read"函数的调用形式为：

read（name）

该函数的功能是读取 ASCII 文件"name"中的一个记录（即一行）。重复调用"read"函数读取同一文件时，将依次读取文件中的下一条记录。所得结果有两行，第一行是返还码，第二行是所读记录。每个记录的长度不能超过 80 个字符，可以使用"sublin"函数分离结果。返还码是：

0—正常

1—打开文件错误

2—文件结束

8—打开的文件用于写入

9—输入、输出错误

当第一次调用"read"函数读取一个指定文件时，这个文件就被打开，当描述语言程序执行终结时文件被关闭。而在文件被多次调用过程中，始终保持打开状态。

5. write 函数

"write"函数的调用形式为：

write（name，record ＜，append＞）

该函数的功能是向 ASCII 文件"name"中写入记录。当第一次调用"write"函数时，会生成一个名为"name"的文件，并处于打开的写入状态；如果这个文件早已存在，则该文件会损坏；如果选择使用"append"选项，则写入的内容会接到原来文件记录的后面。该函数的返回码是：

0—正常

1—打开文件错误

8—打开的文件用于读取。

6. close 函数

"close"函数的调用形式为：

close（name）

该函数的功能是关闭一个已经打开的名为"name"的 ASCII 文件。如果用户想从一个刚写入的文件中读取记录，那么首先要调用"close"函数关闭该文件，然后再调用"read"函数读取文件记录。该函数的返还码是：

0—正常

1—文件没有打开

7.4 实例应用

下面将通过具体实例的学习，详细了解描述语言的应用。以下所列实例均采用编写"gs"命令集(＊.gs)，通过"run"命令在交互环境下执行。

(1) 循环输出 5 天高度场图，并将所得图形存于指定文件中。命令集名称为"height5day. gs"，编写如下：

```
'open c:\pcGrADS\model\model. le. ctl '
'set lat 0 90'
'set lon −180 0'
'set lev 500'
'enable print e:\height5day. gmf'    (将所得图形存于图形文件 htry. gmf 中)
i＝1    (赋值语句)
while(i＜＝5)    (循环语句)
'set t 'i   (变量 i 控制时间的变化)
'd z'
'print'
'c'
i＝i＋1
endwhile
'disable print'
;
```

> 注意：
> ① 文件"height5day. gmf"中存放了 5 张图，分别是 5 天高度场图。以命令"enable print/print/disable print"方式保存的 gmf 格式文件要使用"gv32. exe"工具看图。
> ② 命令集中既包含了命令语句，又包含了描述语言，注意其编辑方法。命令的部分要用单引号，描述语言的部分不用单引号。
> ③ 注意绘图存图的语句顺序，文件中清屏命令"c"必不可少，否则 5 次显示的图形画面会叠加在一起。

本例所得图形文件"height5day. gmf"的最终效果如图 7.1 所示。

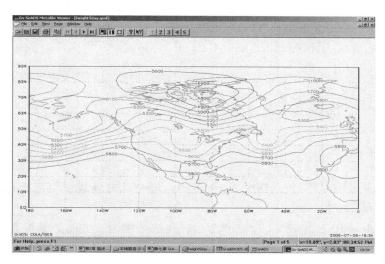

图 7.1 演示图

上图显示为"height5day. gmf"文件在"gv32. exe"工具中查看的效果。窗口工具栏右侧的一排数字按纽分别对应了 1~5 天的高度场图形。用户如果希望在文档中使用上述图片,则需要在窗口菜单栏中选择"File"菜单下的"Save page as"选项,在弹出的窗口中将图片另存为". wmf"格式的图片文件,即可使用。如图 7.2 所示:

图 7.2 图形文件格式转换示意图

　　(2) 显示第 1 时刻西北半球 500 hPa 高度场图,并在低压中心位置(84°W,73°N),标注字符"D"。命令集名称为"D. gs",编写如下:

'open c:\pcGrADS\model\model. le. ctl '

'set grads off'

'set lat 0 90'

'set lon −180 0'

'set lev 500'

'set t 1'

'd z'

'q w2xy −84 73'　　(使用"q"命令将经纬度坐标转换成虚页面坐标,以便后面的"draw"命令使用)

x1＝subwrd(result,3)　　(将"q"命令转换结果中的 x 方向的虚页面坐标值赋给变量 x1)

y1＝subwrd(result,6)　　(将"q"命令转换结果中的 y 方向的虚页面坐标值赋给变量 y1)

'set string 7 c 8 0'　　(设置所标字符的颜色、位置、线条粗细、旋转角度)

'set strsiz 0. 2'　　(设置所标字符的大小)

'draw string 'x1' 'y1' D'　　(使用"draw"命令在指定位置处标注字符"D")

'printim c:\result\D-center. png white '

;

> 注意:
> 　　① 文件里"subwrd"函数中的参数"result"是描述语言的内部使用变量,其值为字符串。这里"result"变量是将上一条命令('q w2xy −84 73')使用后所得结果作为字符串记录下来。命令'q w2xy −84 73'使用后的结果信息为:x ＝ 5. 83333 y ＝ 6. 11667,则"result"的值为字符串"x ＝ 5. 83333 y ＝ 6. 11667"。
> 　　② 文件中对所要标注的字符属性的设置命令('set string '和'set strsiz ')应该在标注字符命令('draw string ')之前使用,否则属性设置无效。
> 　　③ 使用"q"命令转换坐标时必须在"display"命令之后才有效。

本例所得图形文件"D-center. png"的最终效果如图 7.3 所示。

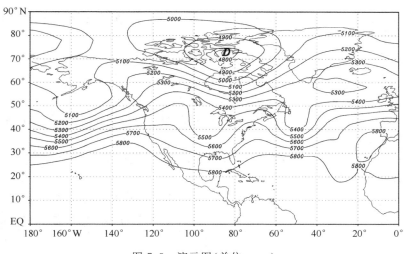

图 7.3 演示图(单位:gpm)

(3) 已有 ASCII 文件 matsa. txt 中存放了 0509 号台风"麦莎"自 7 月 31 日至 8 月 6 日共 25 个时次的路径资料,即文件中共 25 条数据记录,每行记录的第一列为时间信息,第二列为台风中心的维度信息,第三列为台风中心的经度信息,利用该资料绘制台风路径图。命令集名称为"matsa. gs",编写如下:

```
'reinit'
'enable print c:\pcGrADS\model\masta. gmf '
'open c:\pcGrADS\model\model. le. ctl'
'set lat 5 35'
'set lon 110 140'
'set lev 500'
'set xlopts 1 4 0. 15'
'set ylopts 1 4 0. 15'
'set mpdset cnworld'   (选用中国地图,该地图文件包含详细的国界与行政边界线)
'set grads off'
'set grid off'
'set cmax 0'   (设置要显示的变量数值不高于 0)
'd z'   (显示高度场变量 z,结果图形中没有等值线,只出现地图信息)
i=1   (定义描述语言变量 i,并赋值为 1)
aa='c:/pcGrADS/model/matsa. txt'   (将 ASCII 码文件名称及路径赋值给变量 aa)
```

```
while(i<=25)
a1=read(aa)    （利用 read 函数读取文件 aa 中的数据记录,并将返回信息赋值给 a1）
b1=sublin(a1,2)    （利用 sublin 函数提取变量 a1 信息中第二行记录,并赋值给 b1）
say b1    （在屏幕上显示变量 b1 的信息）
la=subwrd(b1,2)    （利用 subwrd 函数提取变量 b1 信息中第 2 个单词,即维度信息,赋值给 la）
lo=subwrd(b1,3)    （利用 subwrd 函数提取变量 b1 信息中第 3 个单词,即经度信息,赋值给 lo）
'q w2xy 'lo' 'la''    （使用"q"命令将经纬度坐标转换成虚页面坐标）
x1=subwrd(result,3)    （将"q"命令转换结果中的 x 方向的虚页面坐标值赋给变量 x1）
y1=subwrd(result,6)    （将"q"命令转换结果中的 y 方向的虚页面坐标值赋给变量 y1）
say x1
say y1
'draw wxsym 40 'x1' 'y1' 0.3 2 6'    （在指定位置标注台风符号）
i=i+1
endwhile
ff=close(aa)    （利用 close 函数关闭文件 aa）
'print'
'disable print'
;
```

> 注意:
> ① 文件里利用"set cmax 0"和"d z"两条命令给出了地图信息,同时避免了绘制等值线。由于高度场变量 z 的数值始终大于 0,所以上述命令执行后,没有等值线信息显示,但是地图信息仍会给出,这样就为后面标注台风路径提供了地理信息。
> ② 在"set mpdset cnworld"中使用了中国地图文件 cnworld,该地图文件可以从网上免费获取,下载后存放于文件夹 c:/pcGrADS/data/中,方可使用。

本例所得图形文件"matsa.gmf"的最终效果如图 7.4 所示。

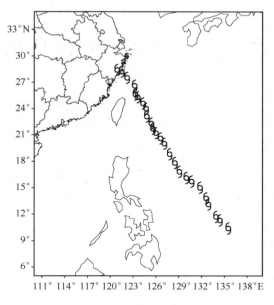

图 7.4　演示图(热带气旋,台风路径)

课后练习

• 掌握 GrADS 描述语言中的常用语句与函数的使用方法,了解其对绘图流程的控制。

• 利用数据文件 model. le. dat 和数据描述文件 model. le. ctl,参考 7.4 节的示例,通过编写 gs 文件完成绘图。其中,实例 3 中的 masta. txt 文件可以利用提示信息自行编写,不要求信息准确。希望读者通过命令集的编写与执行,熟悉本章所述内容。

第 8 章　站点资料的使用

前几章中,所列实例均是针对格点资料所做的。除了格点资料形式外,各地气象观测站对气象要素的观测都是提供为站点资料,所谓站点资料是指资料所处的资料点在四维空间中是不规则分布的,即离散型资料。GrADS 虽然开发了一些支持站点资料的功能,但实际应用时,为了更广泛深入地使用这些站点资料,常常是将站点资料插值到格点上以便再使用。本章以我国常用的降水站点资料为例,介绍站点资料在 GrADS 系统中的使用方法。

8.1　站点资料的形式

目前,用于科学研究的台站资料都是经过处理后的资料,多为文本格式的资料形式,资料中记录了某一时次各台站的报告,内容包括各站点的台站号,经纬度记录,地形高度记录,地面报变量,高空报变量等。例如:对某一时段累积降水量记录的文件"r. dat"有如下形式:

lon	Lat	precipitation
119. 8	30. 6	0
119. 8	30. 616	0. 1
119. 8	30. 632	0
119. 8	30. 648	0
119. 8	30. 664	0
119. 8	30. 68	0
119. 8	30. 696	0. 5
119. 8	30. 712	0
119. 8	30. 728	0
119. 8	30. 744	0
119. 8	30. 76	0
119. 8	30. 776	0

……

根据前面的介绍,我们已经知道,文本形式的这种台站资料是 GrADS 所无法处理的,所以要使用这些资料,必须通过编写程序将其转换成带有站号、经度、纬度、海拔高度、变量等按一定顺序排放的二进制数据文件。

8.2　将站点资料处理为二进制文件

以全国 160 站记录的 2010 年 6 月的月平均降水资料为例,介绍该资料的常用处理方法。全国 160 个台站的经纬度记录存放于文本文件"china. dat"中,各站所记录的 2010 年 6 月的月平均降水资料存放于文本文件"r1606. txt"中。如图 8.1 所示。

CHINA - 写字板		r1606 - 写字板					
51.72	126.65	78	30	7	70	73	87
48.77	121.92	99	34	20	49	33	62
49.22	119.75	48	73	43	75	29	78
50.50	121.47	129	137	206	162	100	190
49.17	125.23	125	188	238	332	243	356
47.38	123.92	208	101	44	101	55	136
47.43	126.97	203	125	75	98	112	10
47.23	131.98	47	44	56	101	13	24
46.82	130.28	78	67	31	70	62	58
45.28	130.95	129	141	20	42	10	38
45.75	126.77	126	120	154	75	103	20
44.57	129.60	110	137	206	108	68	190
46.08	122.05	81	320	238	309	162	356
43.60	122.27	208	34	124	80	68	149
43.90	125.22	203	128	75	98	154	87
42.88	129.47	47	88	56	101	25	14

图 8.1　数据文件

现给出将这两个文件转换成二进制数据(".grd")文件的 Fortran 程序。Fortran 程序编写如下:

```
    real vec(160)
cccc 从文件"r1606. txt"中读入数据 ccccccccc
    open(1,file='d:\data\r1606. txt',status='old')
    read(1, * ) (vec(i),i=1,160)
    close(1)
ccccc 将文本记录转换为 GrADS 所支持的二进制记录 ccccccccc
    call stntogrd(vec)
    end
```

```
cccccc stntogrd 子程序 cccccccccc
    subroutine stntogrd(x)
    real lat(160),lon(160),x(160)
    character * 8 stid(160)
cccccc 从文件"china. dat"中读入 160 站的经纬度 cccccccccc
    open(2,file='d:\data\china. dat')
    do 20 k=1,160
20 read(2, * ) lat(k),lon(k)
    close(2)
cccccc 给出各站的站号 cccccccccccccc
    do 2 i=1,160
2 stid(i)=char(i)
ccccccc 按排序向二进制文件"201006. grd"中写入记录 cccccccccccc
    open (3,file='d:\data\201006. grd',form='binary')
    tim=0. 0
    nlev=1
    nflag=1
    do 40 i=1,160
    write(3) stid(i),lat(i),lon(i)
    #  ,tim,nlev,nflag,x(i)
40 continue
cccc 在文件最后,给出一个特别记录,表示这个时间组的记录结束 ccccccccc
    nlev = 0
    write(3) stid(i-1),lat(i-1),lon(i-1),tim,nlev,nflag
    close(3)
    return
    end
```

其中,变量"tim"为本报的时次,不是一个确定的时刻值,只是该时次的相对值。变量"nlev"取 1 表示一个时次记录的开始,取 0 表示一个时次记录的结束。变量"nflag"取 1 表示有地面变量,取 0 表示记录中没有地面观测变量。

经过上述程序运行后,原来文本形式的台站降水资料就被处理为按 GrADS 要求排列的二进制资料文件了。

8.3　建立数据描述文件和站点映射文件

经过处理后的站点资料虽然已经是二进制格式了,但是如果要在 GrADS 系统中能使用这些资料,还必须为其编写对应的数据描述文件,并且还要创建与之对应的站点映射文件。

下面给出对应于数据文件"201006. grd"的数据描述文件"201006. ctl",编写如下：

dset d:\data\201006. grd

dtype station

stnmap d:\data\rain. map

undef −999. 0

title rain

tdef 1 linear Jun2010 1mo

vars 1

p 0 99 rainfall data

ENDVARS

有了数据描述文件后,可以在 GrADS 系统中运行可执行文件"stnmap. exe"以生成站点映射文件"rain. map"。方法是在命令窗口 ga→提示符后输入命令："! st-nmap",如：

ga_>! stnmap

在出现的信息提示处 Enter stn ctl filename：输入 d:\data\201006. ctl,即可在文件夹"data"中生成站点映射文件"rain. map",之后就可以运行 GrADS 打开文件,并利用支持站点资料的功能进行显示操作了。

8.4　格点文件的生成

虽然 GrADS 软件开发了一些支持站点资料的功能,但其强大功能的运用主要体现在处理格点资料上,所以实际应用时,为了更广泛深入地使用站点资料,常常是将站点资料通过插值函数插值到某个格点文件上然后再使用。

这个格点文件(定为"grid. grd")可以根据原有站点资料("201006. txt")的信息经过编程生成。在编辑程序时,需要注意以下几点要求：

(1) grid. grd 文件的精度要高于或等于 201006. grd 的精度；

(2) grid. grd 文件的范围要大于或等于 201006. grd 的范围；

（3）grid. grd 文件的每个点上均赋值为 1；

（4）grid. grd 文件的描述文件中时间说明一定要与 201006. ctl 中时间一致。

下面给出生成格点文件"grid. grd"的 Fortran 程序，编写如下：

```
parameter(nx=71,ny=41)
real lat(ny),lon(nx)
real s(nx,ny)
open(1,file='d:\data\grid. grd',form='binary')
lat(1)=15. 0
lon(1)=70. 0
do j=1,ny-1
lat(j+1)=lat(j)+1. 0
enddo
do i=1,nx-1
lon(i+1)=lon(i)+1. 0
enddo
   do i=1,nx
   do j=1,ny
   s(i,j)=1
enddo
enddo
write(1)s
end
```

与该格点文件相对应的数据描述文件（"grid. ctl"）如下：

```
dset d:\data\grid. grd
undef -999. 0
title Sample GRID Data
xdef 71 linear 70 1
ydef 41 linear 15 1
zdef 1 linear 500 1
tdef 1 linear jun2010 1mo
vars 1
g 0 99 grid data
endvars
```

有了这个格点文件及与其相对应的数据描述文件以后，就可以通过 GrADS 系统的插值函数将站点资料插值到该格点文件上了。

> 注意：
>   实际绘图时，建议用户通过网络下载现有的全国区域分辨率为 $1°×1°$，或者 $2.5°×2.5°$格点数据文件使用，其海陆分布定义较准确。

8.5　绘图应用

经过上述处理后，编写"rain. gs"文件，完成将二进制站点资料文件"201006. grd"插值到格点文件"grid. grd"的网格点上，并显示图形。请注意文件中的命令说明，结合出图效果(图 8.2)体会命令使用功能。考虑到绘图效果，实际绘图时采用了网络下载的全国区域分辨率为 $1°×1°$的格点文件。

文件编写如下：

```
'open d:\data\grid. ctl'
'open d:\data\201006. ctl'
'set grads off'
'enable print d:\data\201006. gmf'
'set lon 73 135. 5'
'set lat 17 55'
'set mpdset cn cnriver'      （设置绘图时采用中国地图"cn"，及河流分布图"cnriver"）
'define a＝oacres(g,p. 2,10,7,4,2,1)'      （"oacres"为插值函数）
'define a1＝maskout(a,g－0.5)'      （"maskout"为标记函数）
'define aa＝smth9(a1)'      （"smth9"9 点平滑函数）
'set xlopts 1 10 0. 18'
'set ylopts 1 10 0. 18'
'set gxout shaded'
'd:\rgbset. gs'      （调用颜色设置方案）
'set clevs 0 10 50 100 200 300 400 500 600'
'set ccolor rainbow'
'd aa'
'cbarn. gs'
'set cthick 8'
'set clopts 1 6 0. 1'
'set gxout contour'
```

```
'set cint 50'
'd aa'
pull dummy      （暂停,回车后继续）
river(15,4,4)
'd:\southsea.gs'      （调用绘制南海区域缩略图命令）
'print'
'disable print'
;
```

绘图效果如图 8.2 所示。

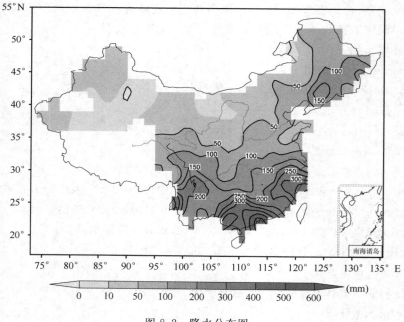

图 8.2 降水分布图

文件中,'d:\rgbset.gs'和'd:\southsea.gs'命令分别为调用 d 盘下已有的颜色设置方案和绘制南海区域缩略图命令,具体内容如下:

rgbset.gs 文件:

```
* light blue to dark blue
'set rgb 40 245 245 245'
'set rgb 41 225 255 255'
'set rgb 42 180 240 250'
```

```
'set rgb 43 150 210 250'
'set rgb 44 120 185 250'
'set rgb 45 80 165 245'
'set rgb 46 60 150 245'
'set rgb 47 40 130 240'
'set rgb 48 30 110 235'
'set rgb 49 20 100 210'
'set rbcols 40 41 42 43 44 45 46 47 48 49'
```

southsea. gs 文件:
```
* draw south China sea at the right
'q dim'
rec22=sublin(result,2)
rec33=sublin(result,3)
lon1=subwrd(rec22,6);lon2=subwrd(rec22,8)
lat1=subwrd(rec33,6);lat2=subwrd(rec33,8)
'q gxinfo'
rec1=sublin(result,1)
screen=subwrd(rec1,4)
if(screen='Clear')
say 'Can''t draw south China sea'
return
endif
rec3=sublin(result,3)
rec4=sublin(result,4)
xright=subwrd(rec3,6)
ybottom=subwrd(rec4,4)
xleft=xright-1. 2
ytop=ybottom+2
yytop=ytop+0. 035
xxleft=xleft-0. 035
x2=xleft+0. 05
y2=ytop-0. 05
x3=xxleft+0. 07
```

```
y3=yytop-0.07
'set line 1 1 1'
'set vpage 0 11 0 8.5'
'draw line 'x2' 'ytop' 'xright' 'ytop''
'draw line 'x3' 'yytop' 'xright' 'yytop''
'draw line 'xleft' 'ybottom' 'xleft' 'y2''
'draw line 'xxleft' 'ybottom' 'xxleft' 'y3''
'draw line 'xleft' 'y2' 'x2' 'ytop''
'draw line 'xxleft' 'y3' 'x3' 'yytop''
zx11=xright-0.8938;zx12=zx11+0.06;
zy11=ybottom+1.29;zy12=zy11-0.08;
'set cthick 6'
'draw line 'zx11' 'zy11' 'zx12' 'zy12''
zx21=zx11+0.07;zx22=zx21-0.03;
zy21=zy11-0.31;zy22=zy21-0.1;
'draw line 'zx21' 'zy21' 'zx22' 'zy22''
zx31=zx21-0.19;zx32=zx31+0.02;
zy31=zy21-0.41;zy32=zy31-0.11;
'draw line 'zx31' 'zy31' 'zx32' 'zy32''
zx41=zx31+0.35;zx42=zx41-0.08;
zy41=zy31-0.24;zy42=zy41-0.05;
'draw line 'zx41' 'zy41' 'zx42' 'zy42''
zx51=zx41+0.23;zx52=zx51-0.05;
zy51=zy41+0.30;zy52=zy51-0.09;
'draw line 'zx51' 'zy51' 'zx52' 'zy52''
zx61=zx51+0.21;zx62=zx61-0.04;
zy61=zy51+0.42;zy62=zy61-0.10;
'draw line 'zx61' 'zy61' 'zx62' 'zy62''
zx71=zx61+0.01;zx72=zx71;
zy71=zy61+0.28;zy72=zy71-0.10;
'draw line 'zx71' 'zy71' 'zx72' 'zy72''
zx81=zx71+0.08;zx82=zx81-0.07;
zy81=zy71+0.22;zy82=zy81-0.08;
'draw line 'zx81' 'zy81' 'zx82' 'zy82''
```

```
zx91＝zx81＋0.12;zx92＝zx91－0.08;
zy91＝zy81＋0.12;zy92＝zy91－0.05;
'draw line 'zx91' 'zy91' 'zx92' 'zy92''
'set lon 105 122'
'set lat 0.0 25'
'set parea 'xleft' 'xright' 'ybottom' 'ytop''
'set mpdset mres'
'draw map'
'set mpdset mres'
'set parea off'
'set vpage off'
'set lon 'lon1' 'lon2''
'set lat 'lat1' 'lat2''
'set cthick 1'
Return
```

> 注意：
> 　　实际绘制全国降水或者其他气象要素分布图时，应将南海区域缩略图放置图形右下角，此绘图命令可由网络下载，添加至 gs 文件中即可。

8.6　站点资料直接绘图应用

　　除了上述将站点资料插值到格点上再绘图的方法外，GrADS 也开发了针对站点资料直接绘图的功能，常用的是将相关站点的气象数据信息在对应台站进行标注。利用站点资料直接绘图时，仍然要求数据资料为二进制格式，同时需要对应的数据描述文件，并生产相应的站点映射文件 ＊.map。上述步骤的实现可参考本章 8.3 与 8.4 节所述内容。下面以北京地区 2002 年 7 月 15 日 08 点的近地面气温资料为例，介绍利用站点资料直接绘图的方法。北京地区 20 个台站的经纬度记录及近地面气温资料存放于二进制数据文件"st1508.dat"中，对应的数据描述文件"st1508.ctl"内容如下：

```
dset e:\beijing\observe\st1508.dat
dtype station
stnmap e:\beijing\observe\st1508.map
```

```
undef 999. 9
title temp duration
tdef 1 linear 08Z15Jul2002 1hr
vars 1
t2 0 99 snow duration
endvars
```

利用上述数据描述文件,在 GrADS 系统中运行可执行文件"stnmap. exe"生成站点映射文件"st1508. map"。具备上述 3 个文件后即可绘图。绘图所用"st1508. gs"文件编写如下:

```
'reinit'
'enable print e:\beijing\observe\plot\st1508. gmf'
'open e:\beijing\observe\st1508. ctl'
'set lon 115. 4 117. 4'
'set lat 39. 4 41. 0'
'set grads off'
'set grid off'
'set mpdset beij'      (设置绘图时选用北京区域地图"beij")
'set gxout stnmark'      (设置针对站点资料的出图方式"stnmark",即在对应站点进行标注)
'set cmark 1'    (设置台站标注符号)
'set digsiz 0. 1'      (设置符号大小)
'set stid on'    (设置在台站标注处显示台站号)
'd t2'
'print'
'disable print'
;
```

最终出图效果如图 8.3 所示。

课后练习

• 了解站点资料处理成格点资料进行绘图的基本步骤。

• 从网上免费下载台站降水或者气温资料,参照本章所述内容,练习对站点资料的处理与图形显示。

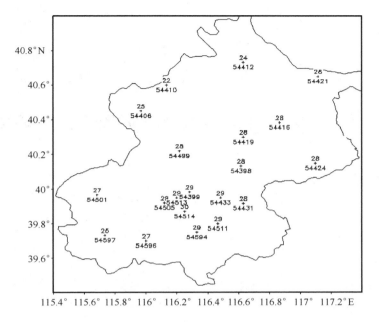

图 8.3　北京市台站近地面气温分布图(2002.7.15.08:00)(单位:℃)

上 机 实 习

实习一　数据文件的转换及数据描述文件的建立

1. 实习资料

　　现有 ASCII 码数据资料文件 h. dat(1973 年 4 月 29 日 08 时我国东北、华北地区 500 hPa等压面位势高度场资料),资料的网格范围是 M×N 个网格点(M＝20,N＝16),分辨率为 3.5°×2.5°,自西向东经度从 88.5°E 起,从南到北纬度从 32.5°N 起。

2. 实习要求

　　编写出将 ASCII 码数据资料文件转换成二进制无格式直接存取(GrADS 数据格式)文件(. grd 文件)的 Fortran 程序,并给出相应的数据描述文件(. ctl 文件)。

3. 实习目的

　　通过编写该程序,进一步熟悉数据的 GrADS 格式,熟练编写将 ASCII 码数据转换为 GrADS 格式的 Fortran 程序以及相应的 ctl 文件。

4. 实习步骤

　　4.1 熟悉原始资料文件 h. dat

　　4.2 按要求编写 Fortran 程序,将所给的 ASCII 码数据资料文件转换成二进制无格式直接存取文件,结果保存为 ∗. grd

　　4.3 通过写字板或记事本程序编写相应的数据描述文件,保存为 ∗. ctl

　　4.4 完成实习报告

　　1)说明所用资料

　　2)给出所编写的 Fortran 程序

　　3)给出所编写的数据描述文件

实习二　基本命令的上机使用

1. 实习资料

　　现有 GrADS 数据格式的资料文件 model. le. dat(一组模式输出的全球 5 天数值预报结果,包括了多个要素、多层,按经纬度网格存放的数据),以及对应的数据描述文件 model. le. ctl。资料下载地址见 3.3 节所述。

2. 实习要求

　　独立安装 GrADS 绘图软件,正确启动该软件,能利用所提供的文件输入基本命令绘制图形,最后正确退出软件系统。

3. 实习目的

　　熟悉 GrADS 的工作环境及使用流程,掌握基本操作命令。

4. 实习步骤

　　4.1 上机安装 GrADS 绘图软件,所用版本为 GrADS1.8sl11,根据所提供的 grads—1.8sl11—win32e. exe 安装程序,由安装向导提示完成安装

　　4.2 正确启动该软件,熟悉 GrADS 绘图软件操作界面——文本窗口和图形显示窗口

　　4.3 利用所提供的数据文件 model. le. dat 及相应的数据描述文件 model. le. ctl,在文本窗口输入基本绘图指令,在图形显示窗口观察相应图形

　　例如:

　　在文本窗口输入下列命令

　　open <路径>model. le. ctl

　　set lat 40

　　set lon —180 0

　　set lev 500

　　set t 1

　　d z

　　则在图形显示窗口出现如下图形

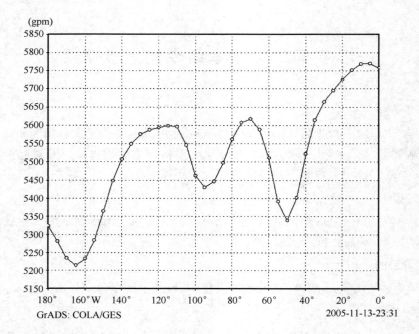

GrADS: COLA/GES   2005-11-13-23:31

4.4 正确退出软件系统

实习三　set 命令的使用练习

1. 实习资料

　　model. le. dat 和 model. le. ctl

2. 实习要求

　　① 利用所提供的数据文件,绘制出第 2 时刻西北半球(180°W～0°,0°～90°N) 500 hPa高度场与温度场叠加图,要求设置等值线间隔,颜色,标记方式等,并最终将图形保存。所有命令编写于 . gs 文件中。

　　② 利用所提供的数据文件,绘制出第 1 时刻西北半球 850 hPa 风场图,要求以三种方式显示风场,并将三幅图上下排列于同一图形窗口,并最终将图形保存。所有命令编写于 . gs 文件中。

　　③ 利用所提供的数据文件,将第 2 时刻西北半球 500 hPa 温度场资料存放于一个二进制数据文件中,所用命令编写于 . gs 文件中。

3. 实习目的

　　熟练使用 set 命令的各类参数设置,掌握 . gs 文件的编写格式和运行,学会保存图形文件及特殊存图方式。

4. 实习步骤

　　4.1 在写字板或记事本程序中按要求编写 ∗. gs 文件,注意文件编写格式

　　4.2 启动 GrADS 绘图软件,运行 ∗. gs 文件

　　4.3 将图形显示窗口显示的图形保存

　　4.4 完成实习报告

　　1)说明所用资料

　　2)给出所编写的 ∗. gs 文件

　　3)给出所绘图形

实习四　draw 命令的使用练习

1. 实习资料

　　model. le. dat 和 model. le. ctl

2. 实习要求

　　利用所提供的数据文件,绘制出第 1 时刻西北半球 500 hPa 高度场图,要求在图形顶部使用 draw 命令写出字符串作为标题,并能在图中指定位置标出字符,画线,画标记等,所有命令编写于 .gs 文件中。

3. 实习目的

　　掌握基础绘图指令 draw 命令的使用。

4. 实习步骤

　　4.1 在写字板或记事本程序中按要求编写 ∗ . gs 文件,注意文件编写格式

　　4.2 启动 GrADS 绘图软件,运行 ∗ . gs 文件

　　4.3 将图形显示窗口显示的图形保存

　　4.4 完成实习报告

　　1)说明所用资料

　　2)给出所编写的 ∗ . gs 文件

　　3)给出所绘图形

实习五　变量与函数的使用

1. 实习资料

model. le. dat 和 model. le. ctl

2. 实习要求

利用所提供的数据文件,绘制出第 1 时刻西北半球 500 hPa 温度变量 t 与对应区域 5 天平均温度的距平场,要求加粗 0 值等值线,并将正距平值区域用阴影显示,负距平值区域用等值线显示,最后保存图形,所有命令编写于 . gs 文件中。

3. 实习目的

掌握 GrADS 命令语言中变量与函数的定义和使用,学会特别处理等值线的方法,了解阴影图形与等值线图形叠加绘图时的顺序。

4. 实习步骤

4.1 在写字板或记事本程序中按要求编写 *. gs 文件,注意文件编写格式

4.2 启动 GrADS 绘图软件,运行 *. gs 文件

4.3 将图形显示窗口显示的图形保存

4.4 完成实习报告

1)说明所用资料

2)给出所编写的 *. gs 文件

3)给出所绘图形

实习六　描述语言的使用及简单程序绘图

1. 实习资料

model. le. dat 和 model. le. ctl

2. 实习要求

① 使用命令及描述语言编写 . gs 文件，要求运行该文件能循环输出 5 天的西北半球 850 hPa 风场图，并为每幅图添加对应时间的标题，最后保存图形。

② 编写 . gs 文件画出第 1 时刻西北半球 500 hPa 高度场图，要求在低压中心位置，准确标准字符"D"，并保存图形。

3. 实习目的

掌握描述语言的构成及其在 . gs 文件中的编写格式，了解简单绘图程序设计。

4. 实习步骤

4.1 在写字板或记事本程序中按要求编写 ＊. gs 文件，注意文件编写格式

4.2 启动 GrADS 绘图软件，运行 ＊. gs 文件

4.3 将图形显示窗口显示的图形保存

4.4 完成实习报告

1)说明所用资料

2)给出所编写的 ＊. gs 文件

3)给出所绘图形

实习七　站点资料绘图

1. 实习资料

　　现有江淮地区 1092 个台站 2007 年 7 月 7 日 24 小时累积降水资料 rain24. grd，该文件为二进制站点资料，包括了 1092 个台站经纬度信息及降水资料。

2. 实习要求

　　① 根据所提供的台站资料，编写对应的数据描述文件。

　　② 根据第 8 章所述内容，由数据描述文件生成站点映射文件 *. map。

　　③ 从网络资源下载获取全国区域分辨率为 $0.5° \times 0.5°$ 的格点文件。

　　④ 为所得格点文件，编写对应的数据描述文件。

　　⑤ 利用上述资料绘制降水分布图。

3. 实习目的

　　掌握台站资料的使用与绘图。

4. 实习步骤

　　4.1 在写字板或记事本程序中按要求编写 *. ctl 和 *. gs 文件，注意文件编写格式

　　4.2 启动 GrADS 绘图软件，运行 *. gs 文件

　　4.3 将图形显示窗口显示的图形进行保存

　　4.4 完成实习报告

　　1)说明所用资料

　　2)给出所编写的 *. ctl 和 *. gs 文件

　　3)给出所绘图形

　　图形参考如下：

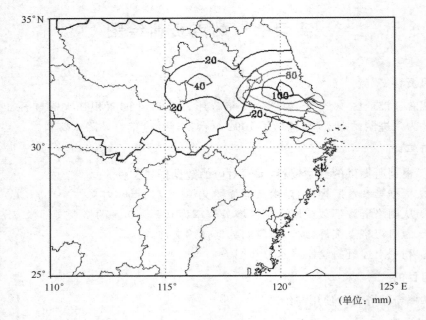

(单位：mm)

实习八　综合练习

1. 实习资料

现有二进制格点数据资料文件 data.grd,该数据文件空间范围:60°~150°E, 0~40°N;分辨率:2.5°×2.5°;包含 3 个层次:850、500、200 hPa,多个要素:u、v、h、sst;时间从 1982 年 1 月开始,间隔 1 个月,时段:1982.1—1985.12。

2. 实习要求

① 请为该二进制格点数据文件编写数据描述文件。

② 利用上述资料,绘制该区域内 1983 年 6 月海表温度的距平场,要求将正值的区域用阴影显示,负值区域用等值线显示,并将 0 线加粗(可参考附例 3)。

③ 请循环显示该区域内 1982—1984 年间各个月的 850 hPa 风场图,并为每幅图添加相应标题。

3. 实习目的

熟悉气候资料的使用,综合应用命令语言和描述语言,掌握常用绘图技巧。

4. 实习步骤

4.1 在写字板或记事本程序中按要求编写 *.ctl 和 *.gs 文件,注意文件编写格式

4.2 启动 GrADS 绘图软件,运行 *.gs 文件

4.3 将图形显示窗口显示的图形保存

4.4 完成实习报告

1)说明所用资料

2)给出所编写的 *.ctl 和 *.gs 文件

3)给出所绘图形

附　　例

通过有针对性的绘图练习,切实掌握 GrADS 系统的绘图流程,熟悉系统的一些常用命令和函数,初步了解 GrADS 描述语言的编制和使用,能较熟练地按要求绘制所需图形。

例 1. 现有全球逐月 ASCII 码格点资料文件高度场 h. dat、风场 u. dat、v. dat、海温场 sst. dat,资料序列长度为 2000. 1—2009. 12;空间范围:0~360°E,90°S~90°N,分辨率 2.5°×2.5°;高度场和风场垂直方向共 3 层,即 850、500 和 200 hPa。请写出将这两个 ASCII 码数据文件转换为二进制(无格式、直接存取)格式文件的 Fortran 程序,并配以相应的数据描述文件。

例题要点:

1)二进制格式文件为 Fortran 和 GrADS 共同识别,有必要熟练掌握读写"无格式直接存取文件"的 Fortran 程序。本例通过 Fortran 程序实现"有格式顺序存取文件"向"无格式直接存取文件"的转换,一方面为 GrADS 绘图提供符合要求格式的资料,另一方面让读者领悟 Fortran 语言读写"无格式直接存取文件"的方式。

2)数据描述文件是顺利进行绘图的必要文件,需要熟练掌握其常规书写格式。

具体程序如下:

```
Parameter(nx=144,ny=73,nt=120,nz=3)
Dimension h(nx,ny,nz,nt),u(nx,ny,nz,nt),v(nx,ny,nz,nt)
Dimension sst(nx,ny,nt)

! read data
Open(2,file='f:\data\h. dat')
Open(4,file='f:\data\u. dat')
Open(6,file='f:\data\v. dat')
Open(8,file='f:\data\sst. dat')

Do 10 it=1,nt
Do 11 iz=1,nz
Read(2,1000)((h(i,j,iz,it),i=1,nx),j=1,ny)
Read(4,1000)((u(i,j,iz,it),i=1,nx),j=1,ny)
```

```
Read(6,1000)((v(i,j,iz,it),i=1,nx),j=1,ny)
11 continue
Read(8,1000)((sst(i,j,it),i=1,nx),j=1,ny)
1000 format(144f6.2)
 *  *  *  *  *  *  *  *  *  *  *  *  *  *  *  *  *  *  *  *  *  *
Open(6,file='f:\data\test. grd',form='unformatted',
&  access='direct',recl=nx * ny)
irec=0
Do 20 it=1,nt
    Do 40 iz=1,nz
    irec=irec+1
    Write(6,rec=irec)((h(i,j,iz,it),i=1,nx),j=1,ny)
40 continue
    Do 60 iz=1,nz
    irec=irec+1
    Write(6,rec=irec)((u(i,j,iz,it),i=1,nx),j=1,ny)
60 continue
    Do 80 iz=1,nz
    irec=irec+1
    Write(6,rec=irec)((v(i,j,iz,it),i=1,nx),j=1,ny)
80 continue
    irec=irec+1
    Write(6,rec=irec)((sst(i,j,it),i=1,nx),j=1,ny)
20 continue
 *  *  *  *  *  *  *  *  *  *  *  *  *
end
```

两行 * 号之间的程序还可以修改为

```
Open(6,file='f:\data\test. grd',form='binary')
Do 20 it=1,nt
    Do 40 iz=1,nz
        Write(6)((h(i,j,iz,it),i=1,nx),j=1,ny)
40 continue
    Do 60 iz=1,nz
```

```
     Write(6)((u(i,j,iz,it),i=1,nx),j=1,ny)
60 continue
   Do 80 iz=1,nz
     Write(6)((v(i,j,iz,it),i=1,nx),j=1,ny)
80 continue
     Write(6)((sst(i,j,it),i=1,nx),j=1,ny)
20 continue
```

相应的数据描述文件(test. ctl)如下：

```
dset test. grd
undef -9. 99E+33
title NCEP/NCAR REANALYSIS PROJECT
xdef 144 linear 0. 000 2. 500
ydef 73 linear 0. 000 2. 500
zdef 3 levels 850 500 200
tdef 120 linear JAN2000 1mo
vars 4
h 3 99 height field
u 3 99 u wind (m/s)
v 3 99 v wind(m/s)
sst 0 99 sea surface temperature
endvars
```

例 2. 现有二进制格点数据文件"data. grd"和相应的数据描述文件"data. ctl"，其中，数据描述文件的内容如下，计算 500 hPa 高度场距平场。

例题要点：掌握计算气候场、距平场的命令

数据描述文件 data. ctl 的内容：

```
dset f:\data\data. grd
undef -9. 99E+33
title NCEP/NCAR REANALYSIS PROJECT
xdef 37 linear 60. 000 2. 500
ydef 17 linear 0. 000 2. 500
zdef 2 levels 850 200
tdef 48 linear JAN1982 1mo
vars 3
u 2 99 u wind (m/s)
```

v 2 99 v wind (m/s)

h 1 99 850hPa

endvars

相应的绘图程序如下：

′reinit′

′open f:\data\data. ctl′

* 计算气候场

′set t 1 12′

′have＝ave(h,t＋0,t＝48,12)′

* 计算距平场

′modify have seasonal′

′set t 1 48′

′hano＝h－have′

′d hano′

例 3. 假定上述 500 hPa 距平资料文件为 hano. grd,写出其相应的数据描述文件 hano. ctl,并绘制 1982 年 12 月和 1983 年 7 月的距平场图,要求<0 的值标出阴影,0 线加粗,并标注标题。

例题要点:(1)进一步熟悉数据描述文件的构成;

(2)掌握画阴影图的技巧、特殊线如何加粗以及如何标注标题。

1) hano. ctl 文件内容

dset hano. grd

undef －9.99E＋33

title NCEP/NCAR REANALYSIS PROJECT

xdef	37 linear	60. 000	2. 500
ydef	17 linear	0. 000	2. 500
zdef	1 levels	500	
tdef	48 linear	JAN1982	1mo
vars	1		
hano	1 99 500hPa		

Endvars

2)绘图程序

′open f:\data\hano. ctl′

* 画 1982 年 12 月距平图(等值线＋阴影;三张图叠加)

′set grads off′

```
'set grid off'
'set map 1 1 10'
'set time dec1982'
* 先画阴影图
'set gxout shaded'
'set cmax 0'
'd hano'
* 后画等值线图
'set gxout contour'
'd hano'
* 画加粗的 0 线图
'set clevs 0'
'set cthick 10'
'd hano'
* 写标题和 x/y 轴的标注
'draw title 500hPa anomalous height fields for Dec1982'
'draw xlab LON';'draw ylab LAT'
pull dummy
* 继续画 1983 年 7 月份高度场距平图(另外一幅图)
'c'
'set grads off '
'set time jul1983'
* 先画阴影图
'set gxout shaded';
'set cmax 0'
'd hano'
* 后画等值线
'set gxout contour'
'd hano'
* 画 0 线加粗图
'set clevs 0'
'set cthick 10'
'd hano'
'draw title 500hPa anomalous height fields for Jul1983'
```

'draw xlab LON';'draw ylab LAT'

;

所示图形如下：

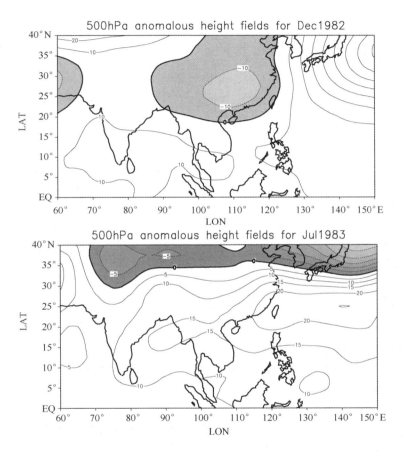

例 4. 绘制 1984 年 1 月纬向风场图,并保存为 u1984. gmf 或者 u1984. png

例题要点:学习如何生成图形文件。

1)生成 gmf 格式的图形文件

'reinit'

'open f:\data\data'

'enable print f:\data\u1984. gmf'

'set lev 850'

'set time Jan1984'

```
'd u'
'draw title u-wind at 850hPa in 1984'
'print'
'disable print'
```

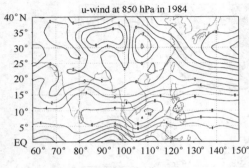

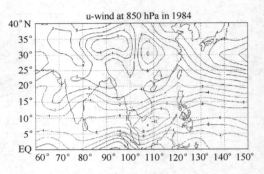

gmf 格式图形文件(单位:m/s)　　　　　　png 格式的图形文件(单位:m/s)

2)生成 png 格式图形文件

```
'reinit'
'open f:\data\data'
'set lev 850'
'set time Jan1984'
'd u'
'draw title u—wind at 850hPa in 1984'
'printim f:\data\u850. png x1000 y800 white'
;
```

例 5. 绘制 1983 年 1 月 200 hPa 风场,并注意设置坐标轴和等值线标记大小。

例题要点:设置坐标轴和等值线标记的大小

程序如下:

```
'reinit'
'open f:\data\data'
'enable print f:\data\u200. gmf'
* 设置等值线标值大小
'set clopts 1 5 0.15'
* 设置坐标轴标值大小
'set xlopts 1 5 0.16'
```

```
'set ylopts 1 5 0.16'
'set lev 200'
'set time Jan1984'
'd u'
'draw title u-wind at 200hPa in 1983'
'print'
'disable print'

;
```

图形结果对比如下：

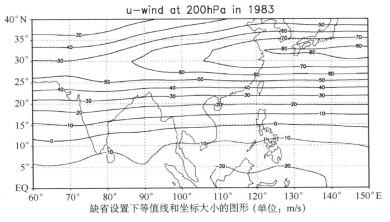

缺省设置下等值线和坐标大小的图形（单位：m/s）

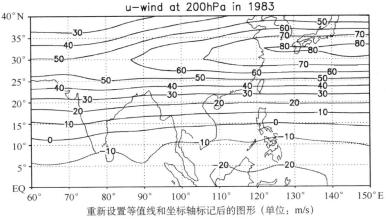

重新设置等值线和坐标轴标记后的图形（单位：m/s）

　　例 6. 有 50 年全球逐月纬向风场资料集，17 层，分辨率 2.5°×2.5°，以二进制格式每年存放在一个文件中，每个文件的名字形式为

　　u. 1951

u. 1952

...

u. 2000

请用一个数据描述文件描述这些资料。

例题要点：学习多个数据资料如何用一个数据描述文件来描述，领会 template 的用法。

数据描述文件如下：

dset f:\data\u. %y4

undef －9.99E＋33

title NCEP/NCAR REANALYSIS PROJECT

options template

xdef	144	linear	0.000	2.500
ydef	73	linear	0.000	2.500
zdef	17	levels	850	500 200
tdef	600	linear	JAN1951 1mo	
vars	1			

u　　　　17 99 u-wind

endvars

例 7. 显示 1982—1985 年共 48 个月的 200 hPa 流场图

例题要点：领会 while 循环。

```
'open f:\data\data'
'enable print f:\data\uvloop. gmf'
year＝1982
while(year＜＝1985)
mon＝1
while(mon＜＝12)
tt＝(year－1982)＊12＋mon
'set gxout vector'
'set t 'tt''
'set z 2'
'd u;v'
'draw title uv200 for 'year'. 'mon''
mon＝mon＋1
'print'
```

```
pull bb
'c'
endwhile
year＝year＋1
endwhile
'disable print'
```

给出其中的一张图,所示如下:

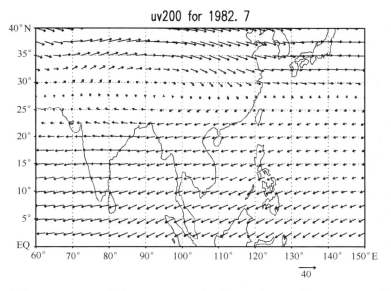

例 8. 计算 1982—1985 年间 850 hPa 层上沿 $100°\sim120°E$ 的 U 的平均值,将所得数据存为二进制数据文件。

　　例题要点:1)掌握写数据资料的命令;

　　　　　　　2)掌握 ave 函数的用法;

　　　　　　　3)领会新变量定义中维数环境设置的问题

　　　　　　　4)领会局域维数环境的设置

```
'reinit'
'open f:\data\data'
* 打开目标数据文件
'set fwrite f:\data\li2. grd'
* 设置输出类型为数据
'set gxout fwrite'
```

＊注意这个维数环境的设置

'set lon 110'

tt＝1

while(tt＜＝48)

'aa＝ave(u(t='tt'),lon=100,lon=120)'

'd aa'

tt＝tt＋1

endwhile

'disable fwrite'

例9.写出例8结果对应的数据描述文件,并利用新的数据文件画出纬度—时间剖面图。

例题要点:掌握如何画时间—纬度剖面图。

1)li2. ctl 文件内容

dset f:\data\Li2. grd

undef －9. 99E＋33

title NCEP/NCAR REANALYSIS PROJECT

xdef 1 linear 60. 000 2. 500

ydef 17 linear 0. 000 2. 500

zdef 1 levels 850

tdef 48 linear JAN1982 1mo

vars 1

aa 0 99 TEMPLPATE VAR.

endvars

2)绘图程序

'reinit'

'open f:\data\Li2'

'enable print f:\data\li2. gmf'

'set xlopts 1 5 0. 16'

'set ylopt 1 5 0. 16'

'c'

'set grads off'

'set grid off'

'set t 1 48'

'set cthick 6'

* x—y 坐标轴交换

′set xyrev on′

′d aa′

′print′

′draw title LAT-TIME SECTION FOR U850 OVER(100E~120E)′

′print′

′disable print′

；

所示图形如下：

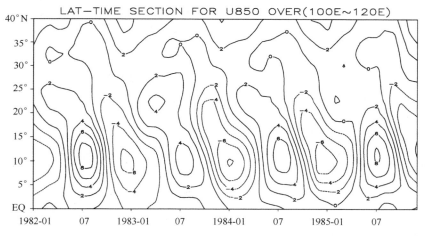

例 10. 计算 1985 年 7 月 200 hPa 风场的垂直涡度场和水平散度场。

例题要点：熟悉常用函数的应用。

′reinit′

′open f:\data\data. ctl′

′set xlopts 1 5 0.16′

′set ylopt 1 5 0.16′

′set grads off′

′set grid off′

'set lat 0 40'

'set lon 60 150'

′set t 13′

'set lev 200'

′set cthick 6′

'd hcurl(u,v)'

'draw title vorticity fields of 200hPa wind in Jan 1983 '

'c'

'd hdivg(u,v)

'draw title divergence fields of 200hPa wind in Jan 1983'

;

所示图形如下：

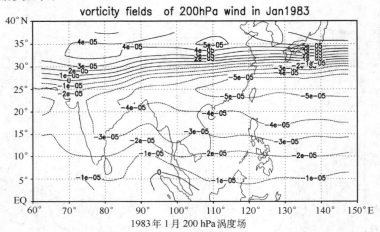

1983 年 1 月 200 hPa 涡度场

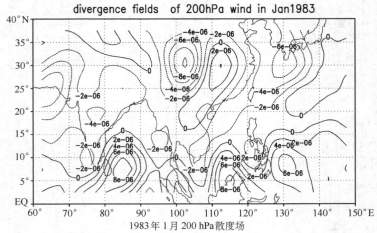

1983 年 1 月 200 hPa 散度场

例 11. 画出南亚地区平均 u850~u200 时间序列平均图,并在峰、谷处标记。

例题要点：1)掌握 aave 函数的应用；

2)领会局域维数环境的使用；

3)掌握坐标之间的转换命令；

4)掌握如何画标记；

5)熟悉 if 语句用法。

```
'reinit'
'open f:\data\data'
'enable print f:\data\li3. gmf'
'set parea 1 10 2 6'
'set xlopts 1 5 0.16'
'set ylopts 1 5 0.16'
'set grads off'
'set grid off'
'set x 1'
'set y 1'
'set t 1 48'
'wb=aave(u(lev=850)-u(lev=200),lon=60,lon=100,lat=5,lat=20)'
'set cmark 0'
'a=0'
'd wb'
'set cmark 0'
'set cstyle 1'
'd a'

p=1
while(p<=48)
'set t 'p' '
'd wb'
r=subwrd(result,4)

if(r>30|r<-15)
*坐标之间的转换命令
'q gr2xy 'p' 'r' '
x=subwrd(result,3)
y=subwrd(result,6)
*画标记的命令
'draw mark 3 'x' 'y' 0.15'
```

```
endif
p＝p＋1
endwhile
'draw title Area average of （u(lev＝850）－u(lev＝200)）\over the （lon＝60，
lon＝100，lat＝5，lat＝20)'
'print'
'disable print'
```

所示图形如下：

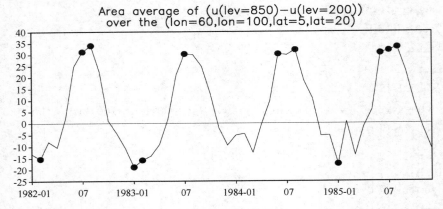

例 12. 画出北半球 200 hPa 的 u 场，要求地图投影为北半球投影。

例题要点：掌握地图的一些设置。

```
'reinit'
'open f:\data\data'
'enable print f:\data\li4. gmf'
'set frame circle'
'set grads off'
* 地图设置
'set mproj nps'
'set mpdset mres'
'set poli off'
'set map 1 2 0. 6'
'set gxout contour'
'set time jul82'
'set grid on 1'
```

```
'set lon -90 270'
'd h'
* 做经度标记
'q w2xy 90 -3'
x1=subwrd(result,3);y1=subwrd(result,6)
'set string 2 c 5 0'
'draw string 'x1' 'y1' 90E'
'q w2xy 180 -3'
x2=subwrd(result,3);y2=subwrd(result,6)
'set string 2 l 5 0'
'draw string 'x2' 'y2' 180E'
'q w2xy 270 -3'
x3=subwrd(result,3);y3=subwrd(result,6)
'set string 2 c 5 0'
'draw string 'x3' 'y3' 90W'
'q w2xy 360 -3'
x4=subwrd(result,3);y4=subwrd(result,6)
'set string 2 r 5 0'
'draw string 'x4' 'y4' 180W'
'print'
'disable print'

;
```

所示图形如下：

例 13. 画出 200 hPa 纬向风场中 A(120°E,0)和 B(120°E,40)两点上时间序列曲线,要求 A 点序列对应左坐标、实线,B 点序列对应右坐标、虚线。

例题要点:了解左右坐标的设置。

```
'reinit'
'open f:\data\data'
'enable print f:\data\leftrignt. gmf'
'set lon 120'
'set lat 40'
'set lev 200'
'set t 1 48'
'set xlopts 1 5 0. 15'
'set ylopts 1 5 0. 15'
'set grads off'
'set grid off'
* 左侧 y 轴
'set ylpos -0. 0 l'
'set vrange -24 6'
'set yaxis -24 6 3'
'set ccolor 6'
'set cstyle 2'
'set lat 0'
'd u'
*  右侧 y 轴标注
'set ylpos -0. 0 r'
'set vrange 15 60'
'set yaxis 15 60 5'
'set ccolor 4'
'd u'
'draw title time series at (120E,0) and (120E,40) for 200hPa u-wind'
'print'
'disable print'

;
```

所示图形如下:

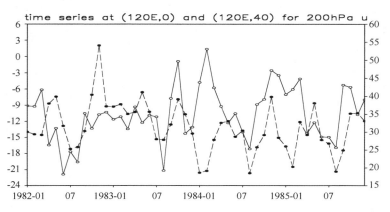

例 14. 在一个页画出 1983 年 1 月、4 月、7 月和 10 月 850 hPa 纬向风场。

例题要点:掌握一页多图绘图技巧。

```
'reinit'
'open f:\data\data'
'enable print f:\data\npage. gmf'
'set lev 850'
'set xlopts 1 5 0. 16'
'set ylopts 1 5 0. 16'
* 设置虚拟页大小
'set vpage 0 5.5 4.25 8.5'
* 设置虚拟页中的绘图区域
'set parea 3.5 11 0 4.5'
'set grads off'
'set xlab off'
'set ylab on'
'd u(time=Jan1983)'
'print'

'set vpage 5.5 11 4.25 8.5'
'set parea 0 7.5 0 4.5'
'set grads off'
'set xlab off'
'set ylab off'
'd u(time=Apr1983)'
'print'
```

```
'set vpage 0 5. 5 0 4. 25'
'set parea 3. 5 11 4 8. 5'
'set grads off'
'set xlab on'
'set ylab on'
'd u(time=Jun1983)'
'print'

'set vpage 5. 5 11 0 4. 25'
'set parea 0 7. 5 4 8. 5'
'set grads off'
'set xlab on'
'set ylab off'
'd u(time=Oct1983)'
'print'
'disable print'
        ;
```

所示图形如下：

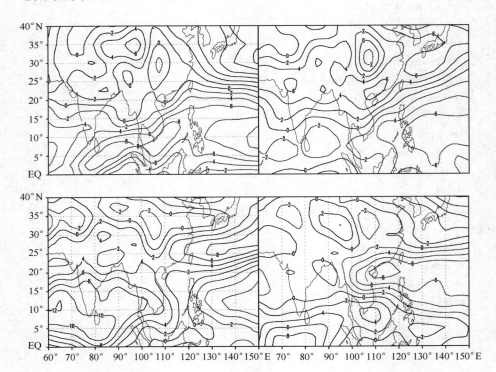

以下几个例题为知识点的综合应用

例 15. 画出 850 hPa 风场与海温场作奇异值分解得到的第一奇异向量及其时间系数图,熟悉图形的叠加画法,同时了解两个要素的相互作用特征。

1)画奇异向量图

```
'reinit'
'open f:\data\evfg. ctl'
'enable print f:\data\evfg. gmf'
cor. 1=0. 85;cor. 2=0. 77
c. 1=-1;c. 2=1
i=1
while(i<=3)
'c'
'set t 'i''
'set xlopts 1 4 0. 15'
'set ylopts 1 4 0. 15'
'set grid off'
'set grads off'
'set ylint 10'
'd smth9(sst * 'c. i')'
'd u * 'c. i';v * 'c. i''
'set clevs 0'
'd lat'
'draw title The SVD/No. 'i' r='cor. i' for PACIFIC. '
pull dummy
'print'
i=i+1
endwhile
'disable print'
```

2)画时间系数图

```
'reinit'
'open f:\data\tcfg. ctl'
'enable print f:\data\tcfg. gmf'
'set t 1 516'
'define aa=tcf-tcf'
'define tcfp=ave(tcf,t-2,t+2)'
'define tcgp=ave(tcg,t-2,t+2)'
cor. 1=0. 85;cor. 2=0. 77
c. 1=-1;c. 2=1
```

```
'c'
'set x 1'
'set xlopts 1 4 0.2'
'set ylopts 1 4 0.2'
'set axlim −15 20'
'set yaxis −15 20 5'
'set grid off'
'set grads off'
'set cstyle 4'
'set cmark 0'
'd smth9(tcgp * 'c.1')'
'set cstyle 1'
'set cmark 0'
'd smth9(tcfp * 'c.1')'
'set cstyle 1'
'set cmark 0'
'd aa'
'draw title The SVD Time cofficent / No. '1' r='cor.1' for PACIFIC'
pull dummy
'print'
pull dummy
'disable print'
;
```

所示图形如下:

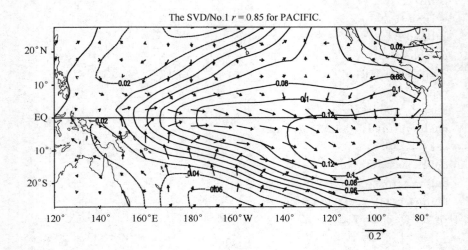

The SVD/No.1 $r = 0.85$ for PACIFIC.

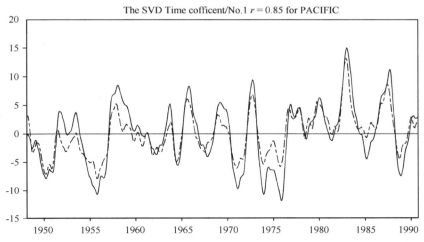

The SVD Time cofficent/No.1 $r = 0.85$ for PACIFIC

例 16. 画出 OLR 与 200 hPa 风场奇异值分解的第一奇异向量,熟悉并掌握黑白
图形的设置。

```
'reinit'
'open f:\olrsvd\dv2evfgwin. ctl'
'enable print f:\olrsvd\li5. gmf'
cor. 1=49. 73;cor. 2=13. 77
c. 1=-1;c. 2=1
i=1
while(i<=1)
'c'
'set parea 1 10 2 5'
'set gxout shaded'
'set xlopts 1 4 0. 15'
'set ylopts 1 4 0. 15'
'set clopts 1 4 0. 10'
palette()
ss()
'set lat -30 30'
'set csmooth on'
'set t 'i''
'set xlint 30'
'set ylint 10'
```

```
'set grads off'
'set grid off'
'd smth9(olr)'
* 'cbarn'
'set gxout contour'
'set clevs -0.06 -0.03 0.03 0.06'
'set cthick 8'
'd smth9(olr)'
'set gxout vector'
'set ccolor 1'
'd u;v'
'set gxout contour'
'set ccolor 1'
'set clevs 0'
'd lat'
* 'draw title The SVD/No. 'i' p='cor. i' for 200hPa in DJF'
pull dummy
'print'
i=i+1
endwhile
'disable print'

function palette()
'set rgb 16 50 50 50'
'set rgb 17 100 100 100'
'set rgb 18 150 150 150'
'set rgb 19 200 200 200'
'set rgb 20 250 250 250'
return

function ss()
'set clevs -0.06 -0.03 0 0.03 0.06 '
'set ccols 17 16 0 0 16 17 '
return
```

所示图形如下：

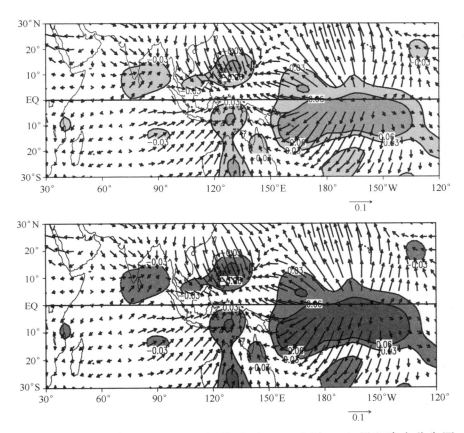

例 17. 绘制 2007 年 7 月 7—8 日江淮地区 1092 个站 24 h 累积降水分布图。

例题要点:掌握绘制站点资料图形的基本步骤和方法。

1)站点资料转换为 *.grd 格式资料的 Fortran 程序。

2)编写相应 ctl 文件

3)绘图的 gs 文件

1) Fortran 程序

```
real vec(1092)
real lat(1092),lon(1092)
integer h(1092)
character * 5 stid(1092)
```

cccc 读取 ASCII 文本资料

```
open(1,file='e:\rain\rain24.txt',status='old')
```

```
     do 20 k＝1,1092
20 read(1,＊) stid(k),lat(k),lon(k),h(k),vec(k)
     close(1)


cccc 打开目标文件
     OPEN (3,FILE='e:\rain\rain24.grd',FORM='BINARY')
     TIM＝0.0
     NLEV＝1
     NFLAG＝1


     DO 40 I＝1,1092
     WRITE(3) STID(I),LAT(I),LON(I)
     ＃ ,TIM,NLEV,NFLAG,vec(i)
40 continue


cccc 文件最后一行记录,作为结束标志
     NLEV ＝ 0
     WRITE(3) STID(I-1),LAT(I-1),LON(I-1),TIM,NLEV,NFLAG
     close(3)
     end
```

2)ctl 文件内容,名称为 station.ctl

```
dset e:\rain\rain24.grd
dtype station
stnmap e:\rain\rain.map
undef -999.0
title autumn rain
tdef 1 linear 08:00Z07JUL2007 1hr
vars 1
p 0 99 rainfall data
endvars
```

利用上述 ctl 文件,应生成 rain.map 文件。

3) gs 文件内容

```
'reinit'
```

　＊PRC5.ctl 及其描述的 PRC5.dat 数据文件,是由网络免费下载所得,格点分

辨率为 $0.5° \times 0.5°$

```
'open e:\rain\PRC5. ctl'
'open e:\rain\station. ctl'
'set lat 25 35'
'set lon 110 125'
'define a=oacres(g,p. 2)'
'define a1=maskout(a,g-0. 5)'
'define aa=smth9(a1)'
'set grads off'
'set mpdset cnworld'
'set map 1 1 1'
'set xlint 5'
'set ylint 5'
'set cmin 10'
'set cint 20'
'set cthick 10'
'set xlopts 1 4 0. 18'
'set ylopts 1 4 0. 18'
'set clopts -1 -1 0. 15'
'enable print e:\rain\rain24. gmf'
'd aa'
'set mpdset cnriver'
'set map 1 1 10'
'draw map'
'set font 1'
'set strsiz 0. 3'
'set string 1 c 10 0'
'draw string 2. 0 7. 3 (a)'
'print'
'disable print'
;
```

所绘图形如下：

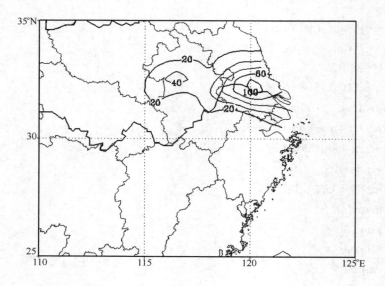

参 考 文 献

GrADS User's Guide. http://www.iges.org/grads/gadoc/users.html.

GrADS 气象绘图系统用户使用手册(修订版)讲义,南京信息工程大学(原南京气象学院)印刷厂印刷.

GrADS 中文手册. 中国科学院大气物理研究所大气科学和地球流体力学数值模拟国家重点实验室(LASG)编写,网络地址:http://bbs.lasg.ac.cn/bbs/thread-7666-1-1.html.